高等职业教育新形态系列教材

# 电气安装规划与实施

# （第2版）


主　编　荆瑞红　陈友广

副主编　刘琳霞　钟　鸣





北京理工大学出版社

BEIJING INSTITUTE OF TECHNOLOGY PRESS

图书在版编目(CIP)数据

电气安装规划与实施 / 荆瑞红, 陈友广主编. -- 2版. -- 北京 : 北京理工大学出版社, 2021.6

ISBN 978-7-5763-0005-5

Ⅰ. ①电… Ⅱ. ①荆… ②陈… Ⅲ. ①电气设备-设备安装 Ⅳ. ①TM05

中国版本图书馆 CIP 数据核字(2021)第134933号

出版发行 / 北京理工大学出版社有限责任公司
社　　址 / 北京市海淀区中关村南大街5号
邮　　编 / 100081
电　　话 / (010)68914775(总编室)
(010)82562903(教材售后服务热线)
(010)68944723(其他图书服务热线)
网　　址 / http://www.bitpress.com.cn
经　　销 / 全国各地新华书店
印　　刷 / 河北盛世彩捷印刷有限公司
开　　本 / 787毫米×1092毫米　1/16
印　　张 / 19.75
字　　数 / 401千字
版　　次 / 2021年6月第2版　2021年6月第1次印刷
总 定 价 / 59.00元

责任编辑 / 多海鹏
文案编辑 / 多海鹏
责任校对 / 周瑞红
责任印制 / 李志强

# 前　言

PREFACE

随着装备制造业的转型升级和国家电工中级标准的更新，智能装备产业对电工技能的要求越来越高，电工方面的教材必须与时俱进。为了保证科学性和先进性，新型教材的开发、教学资源的获取更需要深化校企合作，本教材的编写团队由企业专家和学校教师共同组成，他们发挥出各自优势和作用，编写出了适合高职学生学习需求的教材。

本教材依据2019年国家电工职业技能标准设置内容，包含电气控制、PLC编程、电子等方面的知识，其主要内容包括：安全及管理规范认知，三相异步电动机连续运行控制电路的安装与调试，工作台自动往返控制电路安装、调试与排故，三相异步电动机星三角启动控制电路的安装与调试，电动机调速控制电路的安装与调试，电动机能耗制动控制电路的安装与调试，典型机床电气控制电路的分析及故障排除等。

本教材结合机电一体化技术专业的培养要求，借鉴德国双元制教育的先进经验，采用新型活页式教材的形式，并以项目引导及知识与技能并举的方式进行编写。每个项目从课前、课中、课后三个维度引导学生学习。全书分为两个部分，一是《电气安装规划与实施》任务资讯部分，二是《电气安装规划与实施》任务实施工作页。《电气安装规划与实施》任务资讯部分包含项目介绍、学有所获、任务资讯，并单独成册装订，让学生全面了解项目所需要的信息与知识；《电气安装规划与实施》任务实施工作页与理论部分的项目一一对应，每个项目分成若干个任务，每个任务按照任务描述、任务工单、任务分析、任务准备、任务实施、心得收获、拓展强化几个部分编写，由浅入深、由简单到复杂地完成任务，学懂了知识，学会了技能，也完成了整个工作任务，最终达成学习目标。

本书由荆瑞红、陈友广担任主编，由刘琳霞、钟鸣担任副主编。参与本书编写的还有舍弗勒（中国）有限公司大中华区培训经理徐昱辰、亿迈齿轮（苏州）有限公司培训经理马介宏。

本书在编写过程中参考并引用了一些数据、手册及网上资料和图片。在此，对所有原作者表示衷心的感谢！

由于编者水平有限，书中难免存在疏漏之处，恳请广大师生和读者批评指正。

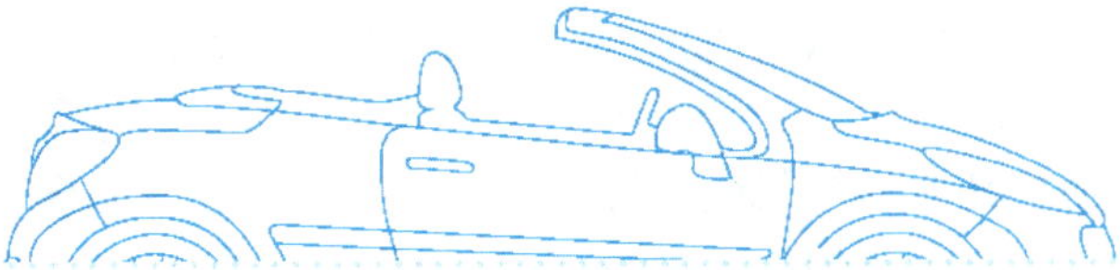

# 目 录

CONTENTS

# 项目一

## 交流电路的安装与调试

### 项目介绍

本项目主要是让同学们掌握交流电路的基本知识，并能够对简单的照明电路进行安装与调试；掌握交流电压表、电流表、功率表的用法，并能够应用到电路中；掌握三相交流电路负载和电源的连接方式，学会简单交流电路的安装与调试。

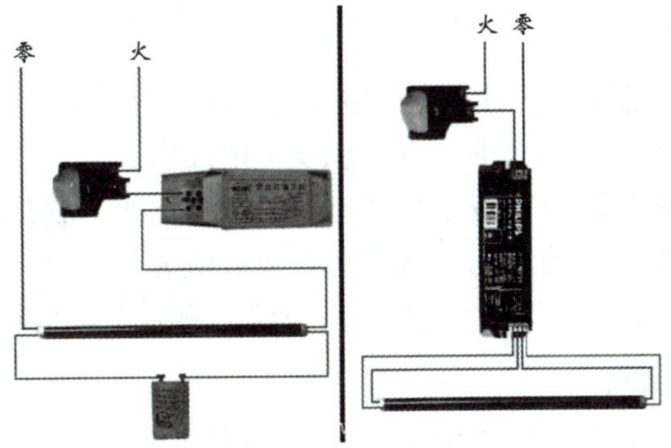


### 学有所获

| 序号 | 学习效果 | 知识目标 | 能力目标 |
|---|---|---|---|
| 1 | 掌握交流电的基本知识 | √ | |
| 2 | 掌握交流电的分析方法 | √ | |
| 3 | 了解镇流器、启辉器的工作原理及接线方式 | √ | √ |
| 4 | 掌握三相交流电的基本知识 | √ | |
| 5 | 掌握三相交流电的分析方法 | √ | |
| 6 | 能对三相交流电路进行分析与计算 | | √ |
| 7 | 能正确使用交流电压表、交流电流表和功率表 | | √ |
| 8 | 能对交流电路（包括三相交流电路）进行接线并调试 | | √ |

# 任务一　日光灯电路的安装与调试

## ■ 任务资讯

### 一、正弦交流电的基本知识

**1. 正弦交流电**

大小和方向随时间变化的电压或电流，称为交流电。图 1-1 所示为直流电和交流电的波形。

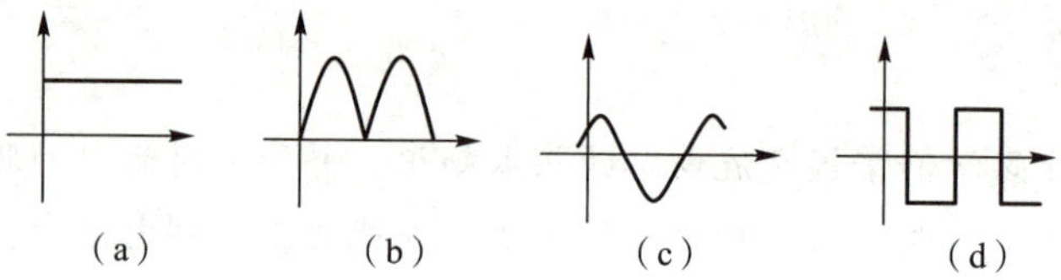

图 1-1　直流电和交流电的波形

（a）恒定直流电；（b）脉动直流电；（c）正弦交流电；（d）交流方波

大小和方向均随时间按正弦规律变化的电压或电流称为正弦交流电。正弦电压、电流等物理量统称为正弦量。图 1-1（c）所示为正弦交流电波形。

由于正弦电压和电流是随时间按正弦规律周期性变化的，故在电路图上标示的方向是"参考方向"。当交流电的实际方向与参考方向一致时值为正，相应波形在横轴之上叫作正半周；当交流电的实际方向与参考方向相反时值为负，相应的波形在横轴之下叫作负半周。

**2. 正弦交流电的三要素**

频率、幅值和初相位是正弦交流电的三要素。设某支路中正弦电流 $i$ 在选定参考方向下的瞬时值表达式为

$$i = I_m \sin(\omega t + \psi) \tag{1-1}$$

式中，$I_m$——幅值；

$\omega$——正弦量的角频率；

$\psi$——初相位。

1）瞬时值、最大值和有效值

把任意时刻正弦交流电的数值称为瞬时值，用小写字母表示，如 $i$、$u$ 及 $e$ 分别表示电流、电压及电动势瞬时值。瞬时值有正、有负，也可以为零。

最大的瞬时值称为最大值（也叫幅值、峰值），用带下标 m 的大写字母表示，如 $I_m$、$U_m$ 及 $E_m$ 分别表示电流、电压及电动势的最大值。

工程上常用有效值来表示正弦量的大小。通常所说的交流电压 220 V 和 380 V，以及一般交流测量仪表所指示的电压、电流的数值都是有效值。

若某交流电流 $i$ 通过电阻 $R$ 在一个周期内所产生的热量，与某一直流电流 $I$ 通过同一电

阻在相同的时间内产生的热量相等，则称这一直流电流的数值为该交流电流的有效值。有效值用 $U$ 或 $I$ 表示。

对于正弦交流电，电压有效值与最大值之间的关系如下：

$$U=\frac{U_{\mathrm{m}}}{\sqrt{2}} \tag{1-2}$$

2）频率与周期

正弦量变化一次所需的时间（秒）称为周期 $T$。每秒内变化的次数为频率 $f$，单位是赫兹（Hz）。频率和周期互为倒数，即

$$f=\frac{1}{T} \tag{1-3}$$

正弦量变化的快慢，除了用周期和频率表示外，还可以用角频率 $\omega$ 来表示，角频率是交流电 1 s 内变化的电角度。一周期经过 $2\pi$ 弧度，所以周期与 $\omega$ 之间的关系为

$$T=\frac{2\pi}{\omega}$$

则 $\omega$ 与 $f$、$T$ 之间的关系为

$$\omega=2\pi f=\frac{2\pi}{T} \tag{1-4}$$

我国的工业频率（简称工频）为 50 Hz，美国、日本等国家的工频为 60 Hz。

3）相位和初相位

正弦量在不同时刻 $\omega t+\varphi$ 值变化，瞬时值也随之变化。$\omega t+\varphi$ 反映出正弦量变化的进程，称为正弦量的相位角，简称相位。

$t=0$ 时的相位角称为初相位角或初相位。规定初相位的绝对值不超过 $\pi$。

两个同频率正弦量的相位角之差（或初相位之差）称为相位差，用 $\varphi$ 表示。同频正弦量的相位差 $\varphi$ 一般有以下三种情况。

（1）$\varphi=\Psi_u-\Psi_i>0$（小于 180°），即 $\Psi_u>\Psi_i$，称作 $u$ 领先、$i$ 滞后，或称为 $u$ 超前 $i$ 相位 $\varphi$ 角。

（2）$\varphi=\Psi_u-\Psi_i<0$，即 $\Psi_u<\Psi_i$，称作 $u$ 滞后、$i$ 超前，或称为 $u$ 滞后 $i$ 相位 $\varphi$ 角。

（3）$\varphi=\Psi_u-\Psi_i=0$，即 $\Psi_u=\Psi_i$，称作同相位，或称为 $u$ 与 $i$ 同相。同相位时两个正弦量同时增、同时减、同时到最大值、同时为零。

（4）$\varphi=\Psi_u-\Psi_i=\pm\pi$ 称为反相位。

在同一线性正弦交流电路中，电压、电流与电源的频率是相同的，但初相位不一定相同。

**【例】** 已知某支路的电压和电流瞬时值分别为 $u=U_{\mathrm{m}}\sin(\omega t+\Psi_u)$，$i=I_{\mathrm{m}}\sin(\omega t+\Psi_i)$，求电压与电流之间的相位差。

**解：** $u$、$i$ 的相位差为

$$\begin{aligned}\varphi&=(\omega t+\Psi_u)-(\omega t+\Psi_i)\\&=\omega t+\Psi_u-\omega t-\Psi_i\\&=\Psi_u-\Psi_i\end{aligned}$$

显然，两个同频率正弦量之间的相位之差等于它们的初相之差。

## 二、镇流器

镇流器（Ballast Resistor）是日光灯上起限流作用和产生瞬间高压的设备，它是在硅钢制作的铁芯上缠漆包线制作而成的，这样的带铁芯的线圈，在瞬间开/关上电时，就会自感产生高压，加在日光灯管两端的电极（灯丝）上。镇流器分电子镇流器和电感镇流器两种。

电感镇流器是一个匝数很多（大约有 7 000 匝），并具有铁芯的电感线圈，外部用铁壳封装而成，如图 1-2 所示。在启动时与启辉器配合，产生瞬间高压点燃灯管；在工作时由于与灯管串联，它的高电抗可限制灯管电流，延长灯管的使用寿命。缺点：电感镇流器由于结构简单，故市场占有率还比较大，但因其功率因数低、低电压启动性能差、耗能大、频闪等，故慢慢地被电子镇流器所取代。

电子镇流器由电子元件组成，电路由整流电路、高频振荡电路和 LC 串联谐振电路三部分组成，如图 1-3 所示。

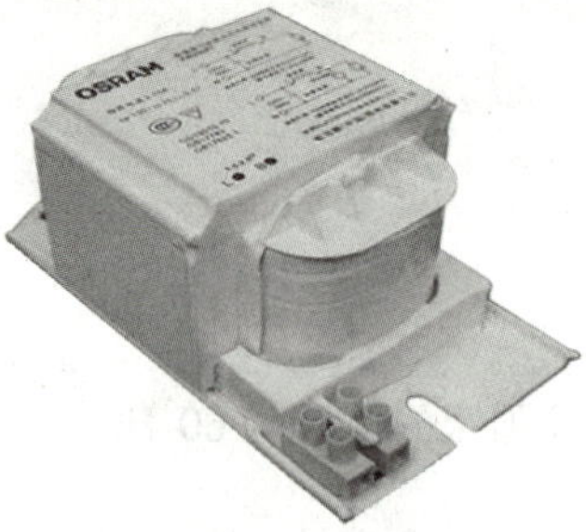


图 1-2　电感镇流器

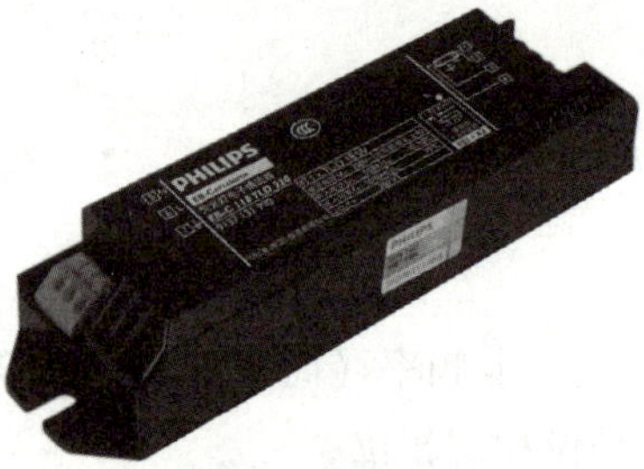


图 1-3　电子镇流器

电子镇流器的基本工作原理：工频电源经过射频干扰（RFI）滤波器全波整流和无源（或有源）功率因数校正器（PPFC 或 APFC）后，变为直流电源。通过 DC/AC 变换器，输出 20～100 kHz 的高频交流电源，加到与灯连接的 LC 串联谐振电路加热灯丝，当灯管“放电”变成“导通”状态时，再次进入发光状态，此时高频电感起限制电流增大的作用，保证灯管获得正常工作所需的灯电压和灯电流。为了提高可靠性，常增设各种保护电路，如异常保护、浪涌电压和电流保护、温度保护等等。

电子镇流器与电感镇流器相比，具有无噪声、功率因数高、省电等优点，已逐渐替代电感镇流器。

## 三、启辉器

启辉器又称挑泡，在抽成真空并充有氖气的辉光管内装有两个触片，一个是静触片，另一个是倒 U 型的双金属动触片，如图 1-4 所示。

为了避免启辉器两个触片通断时对无线电设备产生的干扰，通常在启辉器的两端并联一个容量为 0.005～0.01 μF 的纸介电容器。

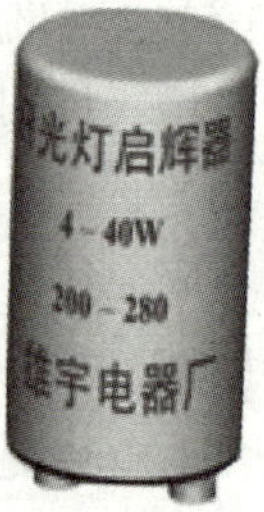


图 1-4　启辉器

## 四、交流电压表、交流电流表

### 1. 交流电压表

交流电压表也称为高频毫伏表，用于测量交流电压。交流电压表的单位主要有 kV、V、

mV。交流电压表有模拟电压表与数字电压表之分，模拟表内部采用模拟电路，显示方式为指针式；数字表内部采用数字电路，显示方式为数字显示。图 1-5 所示为指针式交流电压表。

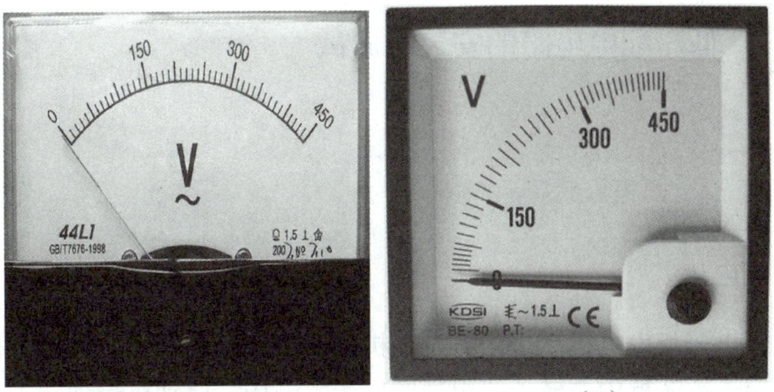


(a) (b)

图 1-5 指针式交流电压表

测量时，交流电压表并联在所测电路中。测量前指针式交流电压表要先机械调零。所谓机械调零即当仪器通电以后，将表笔短路，此时表针应该指向零电压处。仪器不通电时，表针也应该指向零电压处，如果不是，则用螺丝刀调节表盘的最下方旋钮，将其调节到零。

**2. 交流电流表**

交流电流表用来测量额定工作频率为 50 Hz、60 Hz 的交流电。交流电流表测量的单位主要有 mA 和 A。交流电流表也有指针式和数字式两种，如图 1-6 所示。

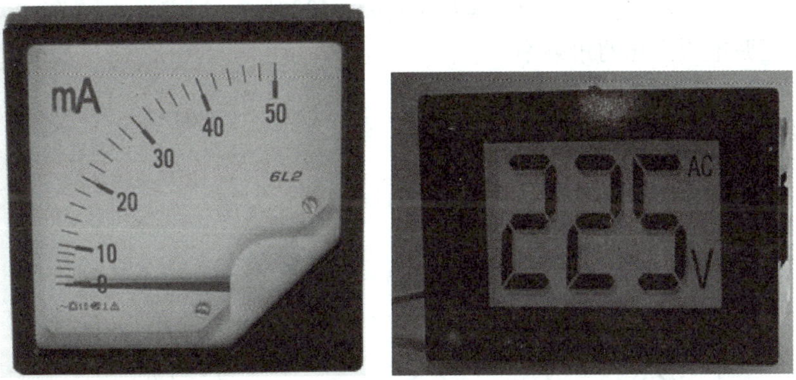


(a) (b)

图 1-6 交流电流表

(a) 指针式；(b) 数字式

测量电流时，交流电流表应串联在所测电路中，被测电流不要超过电流表的量程，且电流要从“+”接线柱接入，从“-”接线柱接出。此外，绝对不允许不经过用电器而把电流表连接到电源的两级上。

交流电流表使用步骤如下：

(1) 校零，用平口螺丝刀调整校零按钮。

(2) 选用量程（用经验估计或者采用试触法）。

(3) 读出电流值。一看量程(电流表的测量范围);二看分度值(表盘一小格代表多少);三看表针停留位置(正面观察)。

## 任务二　低压配电电路的安装与调试

### ■ 任务资讯

#### 一、三相交流电

三相交流电是由三相发电机产生的。发电机主要由定子和转子两大部分构成。三相定子绕组对称嵌放在定子铁芯槽中。转子绕组通电后产生磁场,原动机带动转子绕轴旋转形成气隙旋转磁场。三相定子绕组与旋转磁场相切割,感应产生对称三相电动势。三个幅值相等、频率相同、相位互差120°的正弦电动势称为三相交流电,它们的瞬时值表达式为

$$\begin{cases} e_A = E_m \sin\omega t \\ e_B = E_m \sin(\omega t - 120°) \\ e_C = E_m \sin(\omega t + 120°) \end{cases} \tag{1-5}$$

同时,发电机感应的三相电压分别为

$$\begin{cases} u_A = U_m \sin\omega t \\ u_B = U_m \sin(\omega t - 120°) \\ u_C = U_m \sin(\omega t + 120°) \end{cases} \tag{1-6}$$

式中,$\omega$——正弦电压变化的角频率;

$U_m$——幅值。

感应电动势的波形和相量图如图1-7所示。

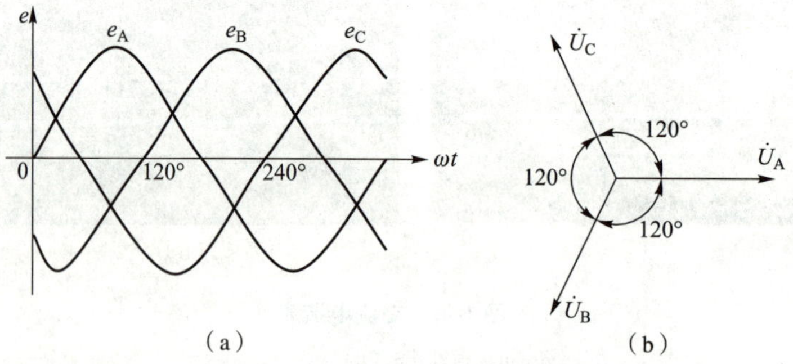


图1-7　三相对称电源的波形和相量图

(a) 波形;(b) 相量图

由图1-7可知,任意瞬间三相电动势的瞬时值代数和为零,即

$$e_A + e_B + e_C = 0 \tag{1-7}$$

由矢量图可知,三相交流电的矢量和也等于零,即

$$\dot{U}_A + \dot{U}_B + \dot{U}_C = 0 \tag{1-8}$$

## 二、三相电源的连接

三相交流发电机有三个绕组、六个接线端，目前采用的方法是将这个三相交流电按照一定的方式连接成一个整体向外送电。三相电源连接方式通常为星形连接和三角形连接。

### 1. 三相电源的星形连接（Y）

星形连接是将三相绕组的三个末端连接在一起，引出一根线（N 线），三个首端各自引出三根供电线（A、B、C），如图 1–8 所示。

从图 1–8 中可以看出，三相电源绕组作 Y 形连接时可以向负载提供两种电压，分别为相电压和线电压，此种供电系统称为三相四线制。相电压即火线与零线之间的电压；线电压即火线与火线之间的电压。两种常用的电压模式为：相电压为 220 V 时，线电压为 380 V；线电压为 220 V 时，相电压为 127 V。

电源的中性点总是接地的，因此相电压在数值上等于各相绕组首端电位。那么，线电压与相电压之间的关系为

$$\begin{cases}\dot{U}_{AB}=\dot{U}_{A}-\dot{U}_{B}\\ \dot{U}_{BC}=\dot{U}_{B}-\dot{U}_{C}\\ \dot{U}_{CA}=\dot{U}_{C}-\dot{U}_{A}\end{cases} \tag{1-9}$$

$$\frac{1}{2}U_{AB}=U_{A}\cos 30^\circ \xrightarrow{\text{可得}} U_{AB}=\sqrt{3}U_{A}$$

因此，在数量上，线电压 $U_{AB}$ 是相电压 $U_{A}$ 的 1.732 倍；在相位上，线电压超前于其相对应的相电压 30°电位角。如图 1–9 所示。

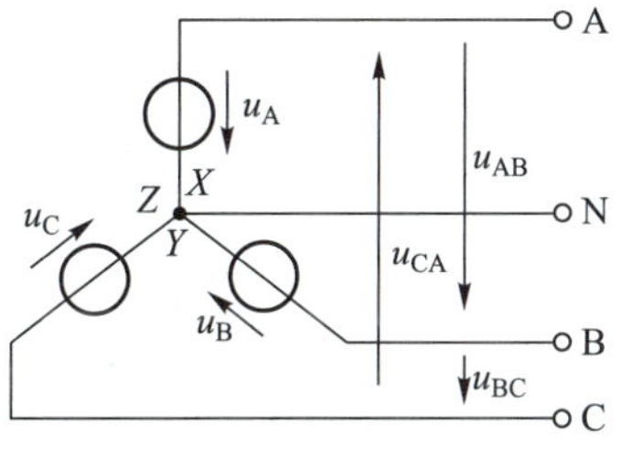


图 1–8　电源星形连接

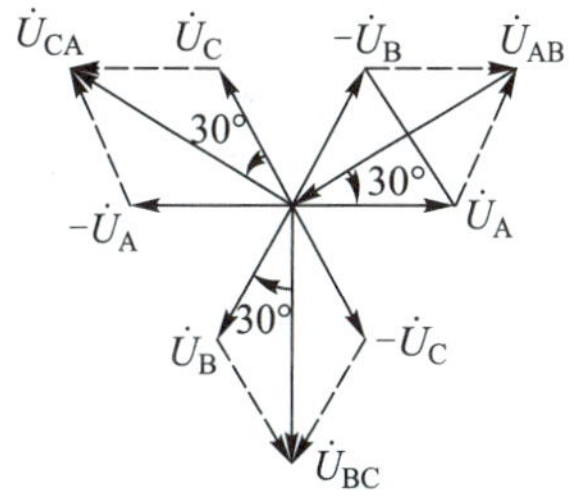


图 1–9　相电压与线电压之间的关系

### 2. 三相电源的三角形连接（△）

三相电源首尾相接构成闭环的连接方式，在电源的三个连接点处分另外引三根火线。

如图 1–10 所示，电源绕组作△连接时，线电压等于发电机绕组的三相感应电压，即

$$U_{线}=U_{相} \tag{1-10}$$

三相电源绕组作△连接时，线电压等于电源绕组的感应电压，此种供电系统称为三相三线制。通常电源绕组的连接方式为星形。显然，发电机绕组作△连接时只能向负载提供一种电压。发电机三相绕组作△连接时，不允许首尾端接反，否则将在三角形环路中引起大电流而致使电源过热烧损。

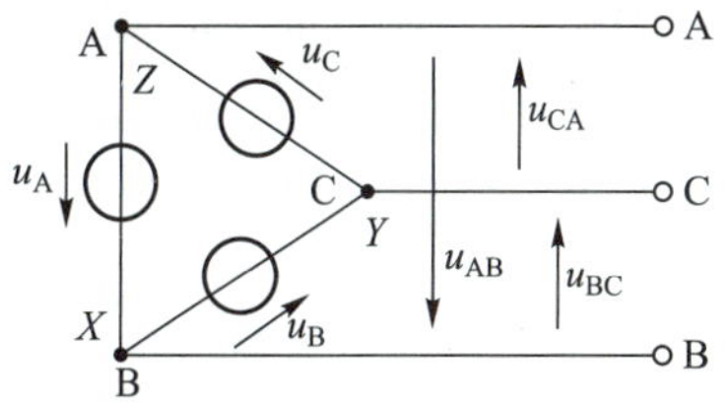


图 1–10　三相电源的三角形连接

## 三、三相负载的连接方式

三相负载有星形和三角形两种连接方式。

### 1. 三相负载星形连接（Y）

三相电路中负载的连接方法有两种，即星形连接和三角形连接。依电源额定电压与负载需求，两种连接方式都较为常用。负载星形连接的三相四线制电路如图 1-11 所示，三相负载分别为 $Z_A$、$Z_B$、$Z_C$，由于中线的存在，负载的相电压即为电源的相电压，且流过每相负载的电流称为相电流，流过电源相线上的电流称为线电流。

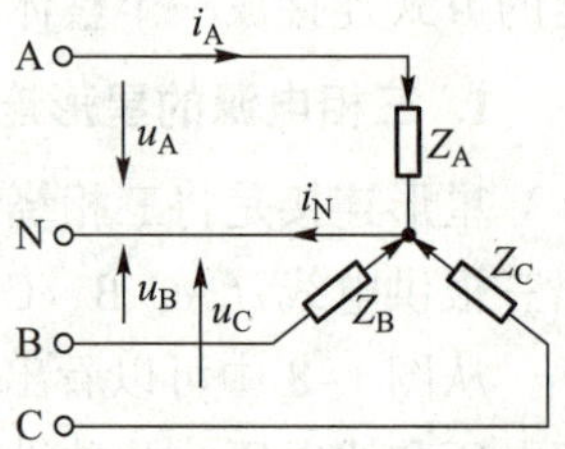


图 1-11　负载的星形连接

（1）当三相负载为对称负载时满足

$$Z_A = Z_B = Z_C = |Z|\angle\varphi \tag{1-11}$$

那么，Y 连接对称三相负载中通过的电流为

$$\begin{cases} \dot{I}_A = \dfrac{\dot{U}_A}{Z_A} \\ \dot{I}_B = \dfrac{\dot{U}_B}{Z_B} \\ \dot{I}_C = \dfrac{\dot{U}_C}{Z_C} \end{cases} \tag{1-12}$$

Y 连接对称三相负载中的三相电流对称，即

$$\dot{I}_N = \dot{I}_A + \dot{I}_B + \dot{I}_C = 0 \tag{1-13}$$

因此，对称负载 Y 连接时，由于中线电流为零，即中线不起作用，故可以拿掉。

（2）三相负载为不对称三相负载时，即

$$Z_A \neq Z_B \neq Z_C \tag{1-14}$$

求解不对称三相负载电路时，只要电路中有中线，即可把各相按照单相电路的分析方法分别计算，注意此时中线电流不等于零。

### 2. 三相负载的三角形连接（△）

三相负载首尾相接构成一个闭环，由三个连接点分别向外引出端线，如图 1-12 所示。因为各相负载都直接连在电源的线电压上，故三相负载的电压即为电源的线电压，且无论负载对称与否，电压总是对称的。

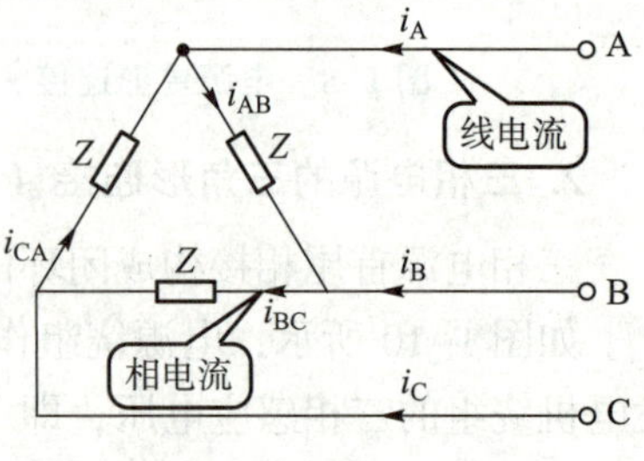


图 1-12　三相负载三角形连接

对三个结点列 KCL 方程可得

$$\begin{cases} \dot{I}_A = \dot{I}_{AB} - \dot{I}_{CA} = \dot{I}_{AB} + (-\dot{I}_{CA}) \\ \dot{I}_B = \dot{I}_{BC} - \dot{I}_{AB} = \dot{I}_{BC} + (-\dot{I}_{AB}) \\ \dot{I}_C = \dot{I}_{CA} - \dot{I}_{BC} = \dot{I}_{CA} + (-\dot{I}_{BC}) \end{cases} \tag{1-15}$$

（1）当三相负载对称时，有

$$\begin{cases}\dot{I}_{AB}=\dfrac{\dot{U}_{AB}}{Z}\\ \dot{I}_{BC}=\dfrac{\dot{U}_{BC}}{Z}\\ \dot{I}_{CA}=\dfrac{\dot{U}_{CA}}{Z}\end{cases} \tag{1-16}$$

三角形连接时负载的端电压等于电源线电压。由于三个线电压对称，因此三个相电流对称。观察相量图 1-13 可得

$$\begin{cases}\dot{I}_{A}=\sqrt{3}\dot{I}_{AB}\angle -30^\circ\\ \dot{I}_{B}=\sqrt{3}\dot{I}_{BC}\angle -30^\circ\\ \dot{I}_{C}=\sqrt{3}\dot{I}_{CA}\angle -30^\circ\end{cases} \tag{1-17}$$

即线、相电流的数量关系为

$$I_{\triangle 1}=\sqrt{3}I_{\triangle P} \tag{1-18}$$

在相位上，线电流滞后相电流 30°

（2）当三相负载不对称时，如图 1-14 所示。

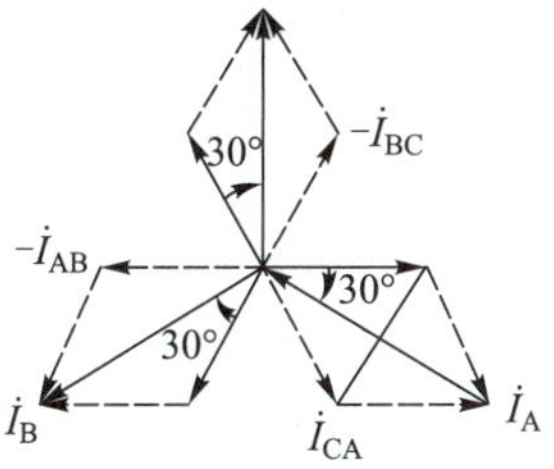


图 1-13　线电流与相电流之间的关系

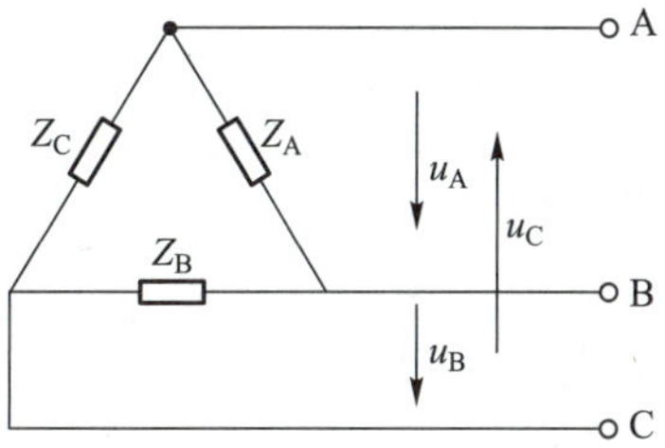


图 1-14　三相负载不对称

分别计算各相电流

$$\dot{I}_{AB}=\frac{\dot{U}_{AB}}{Z_{AB}},\ \dot{I}_{BC}=\frac{\dot{U}_{BC}}{Z_{BC}},\ \dot{I}_{CA}=\frac{\dot{U}_{CA}}{Z_{CA}} \tag{1-19}$$

线、相电流之间不再有$\sqrt{3}$倍的关系，应根据下列公式分别计算，即

$$\begin{cases}\dot{I}_{A}=\dot{I}_{AB}-\dot{I}_{CA}\\ \dot{I}_{B}=\dot{I}_{BC}-\dot{I}_{AB}\\ \dot{I}_{C}=\dot{I}_{CA}-\dot{I}_{BC}\end{cases} \tag{1-20}$$

## 四、三相交流电功率及功率表

### 1. 有功功率

不论负载是星形连接还是三角形连接，总的有功功率必定是各项有功功率之和。当负载

对称时，每相有功功率是相等的。因此三相总功率为

$$P=3P_{P}=3U_{P}I_{P}\cos\varphi \tag{1-21}$$

式中，$\varphi$——相电压与相电流之间的相位差，即负载的阻抗角。

当负载为星形连接时，有

$$\begin{cases}U_{L}=\sqrt{3}U_{P}\\I_{L}=I_{P}\end{cases} \tag{1-22}$$

当负载为三角形连接时，有

$$\begin{cases}U_{L}=U_{P}\\I_{L}=\sqrt{3}I_{P}\end{cases} \tag{1-23}$$

由上述可知，不论负载是星形连接还是三角形连接，均有

$$P=\sqrt{3}U_{L}I_{L}\cos\varphi \tag{1-24}$$

通常应用式（1-24）来计算功率，因为线电流和线电压通常容易测量或是已知的。

各电路功率计算式见表1-1。

表 1-1　功率计算式

| 电路类型 | 有功功率 | 无功功率 |
|---|---|---|
| 直流电路 | $P=UI$ | 0 |
| 交流电路 | $P=UI\cos\varphi$ | $Q=UI\sin\varphi$ |
| 三相交流电路 | $P=P_{U}+P_{V}+P_{W}$ | $Q=Q_{U}+Q_{V}+Q_{W}$ |
| 三相对称交流电路 | $P=3P_{P}=\sqrt{3}U_{L}I_{L}\cos\varphi$ | $Q=3Q_{P}$ |

**2. 功率表**

1）功率表的使用

功率表也叫瓦特表，是一种测量电功率的仪器，测量单位有 W，kW，mW 等。未作特殊说明时，功率表一般是指测量有功功率的仪表。如图 1-15 所示。

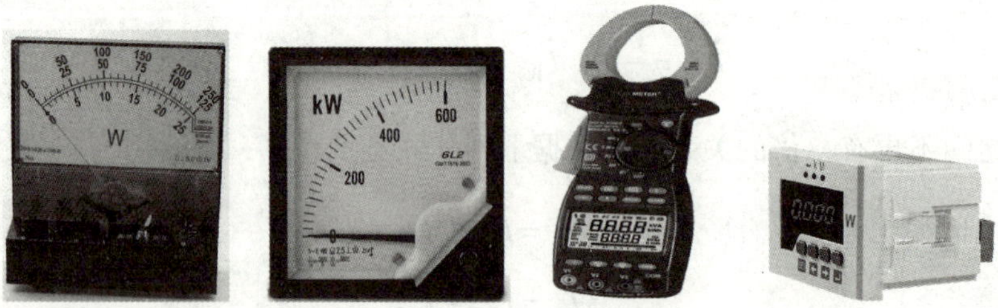

图 1-15　功率表

在使用时，选择功率表的量程就是选择功率表中的电流量程和电压量程。使用时应使功率表中的电流量程不小于负载电流，电压量程不低于负载电压，而不能仅从功率量程来考虑。一般安装式功率表为直读单量程式，表上的示数即为功率数。但便携式功率表一般为多量程式，在表的标度尺上不直接标注示数，只标注分格，在选用不同的电流与电压量程时，每一分格都可以表示不同的功率数。在读数时，应先根据所选的电压量程 $U$、电流量程 $I$ 以

及标度尺满量程时的格数，求出每格瓦数（又称功率表常数）$C$，然后再乘上指针偏转的格数，即可得到所测功率 $P$。

2）功率表的接法

以实验室常用功率表为例，表的底部有标号为 1，2，3，4 的接线柱，其中，1，2 接线柱接入测量电压的线路中，3，4 接线柱接入测量电流的电路中，表针所指的位置即为所接入电路的有功功率，如图 1-16 所示。

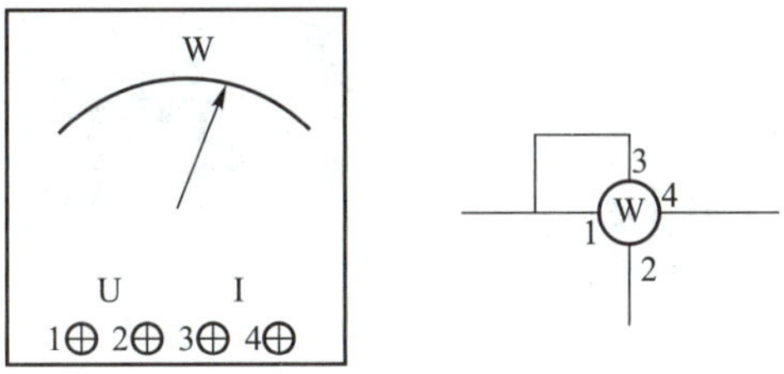


图 1-16　功率表接线简图

**3. 电能表**

电能表（即家庭用的电表）是用来计量交流电能的仪表。电能表按用途可分为有功电能表和无功电能表；按结构可以分为单相电能表和三相电能表。这里我们主要介绍有功电能表，如图 1-17 所示。

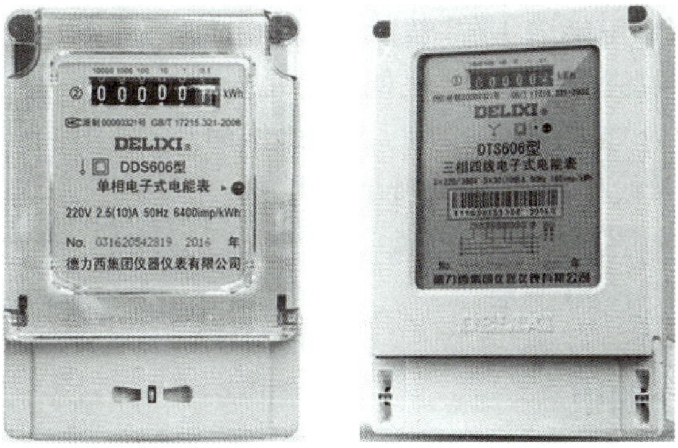


图 1-17　电能表

1）电能

电能等于电场力所做的功，用大写字母 $W$ 表示，单位是焦耳（J）。

$$W = PT$$

那么，我们常说的 1 度电是多少呢？

$$1\text{ 度} = 1\ \text{kW}\cdot\text{h} = 1\,000 \times 3\,600 = 3.6 \times 10^{6}\ (\text{J}) \tag{1-25}$$

2）电能表的安装与测量

（1）单相电能表的安装与测量。

电能表应安装在室内及不容易受损的墙上或开关板上，安装的位置以不低于 1.8 m 为宜；不能安装在高温、潮湿、多尘、有腐蚀体的地方。电能表应垂直安装。电能表的导线中间不应该有接头，接线应该严格按照表身电路图进行安装。电能表的选用应与用电器瓦数相匹配。电表计数位左5位为整数、右1位为小数，窗口显示数为实际用电数。单相电能表跳入式接线如图1-18所示。

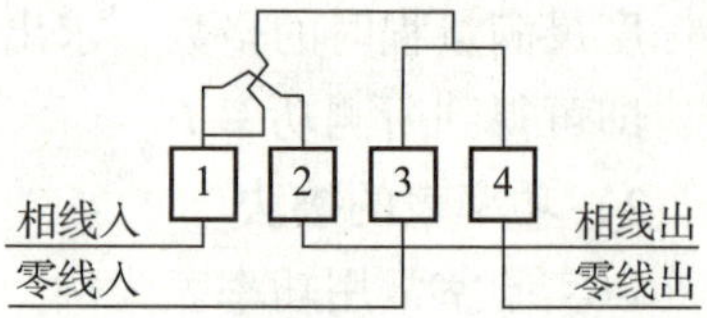

图1-18　单相电能表跳入式接线

（2）三相四线电能表的安装与测量。

三相四线制电能表有1~9个接线柱，其中1，4，7为电源进线端，3，6，9为负载端，具体如图1-19所示。

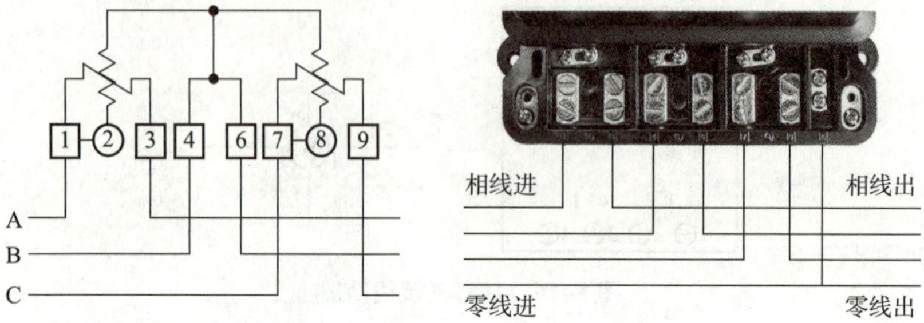

图1-19　三相四线制电能表接线

3）电能表接线方式判断

电能表分为顺入式接线和跳入式接线。图1-18所示为跳入式接线。使用万用表的检测步骤如下：

（1）将万用表打到“R×100”挡，调零。

（2）将两只表笔接触电能表1，2接线柱，若阻值较小（接近于0），则1，3是进线端，电能表为跳入式接线；若阻值较大（约为1 000 Ω），则1，2为进线端，电能表为顺入式接线。接线柱如图1-19所示。

三相四线制电能表测量方法同上。

单相电能表结构如图1-20所示。

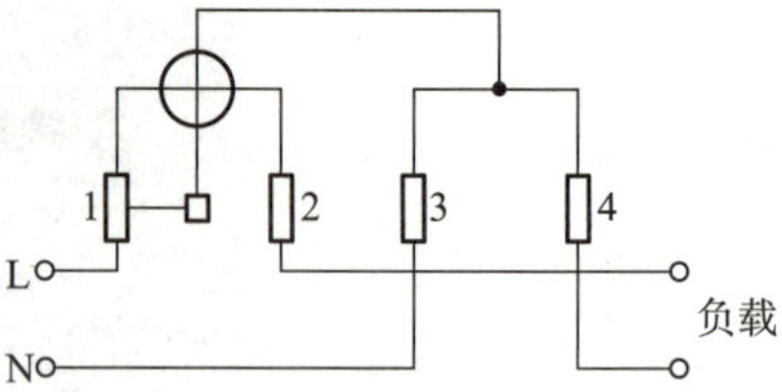

图1-20　单相电能表结构

## 任务三　安全用电

### ■ 任务资讯

### 一、触电事故及电气火灾

#### 1. 触电事故

人为什么会触电？由于人的身体能传电，大地也能传电，如果人的身体碰到带电的物体，电流就会通过人体传入大地，于是就引起触电。

根据人体受伤害的程度不同，分为电击和电伤两种。电击时会有电流通过人体，使人体内部器官组织受到损伤。如果受害者不能迅速摆脱带电体，则最后会造成死亡事故，所以它是最危险的触电事故。电伤是指在电弧作用下或熔断丝熔断时对人体外部的伤害，如烧伤、金属溅伤等。

## 2. 触电伤害

1）电流影响

通过人体的电流越大、时间越长，频率在 40～60 Hz 时感应越强烈，致命的危害就越大。

（1）感知电流：引起人的感觉的最小电流称为感知电流。实验表明：成年男性平均感知电流约为 1.1 mA，成年女性约为 0.7 mA。

（2）摆脱电流：指人体触电后能自主摆脱的最大电流。实验表明，成年男性的平均摆脱电流约为 16 mA，成年女性约为 10 mA。

（3）致命电流：指在较短时间内危及生命的最小电流。实验表明，当通过人体的电流达到 30～50 mA 时中枢神经会受到伤害，使人感觉麻痹、呼吸困难等。如果通过人体的工频电流超过 100 mA，在极短时间内人就会失去知觉而死亡。

电流对人体的影响见表 1-2。

表 1-2　电流对人体的影响

| 电流/mA | 通电时间 | 生理反应 |
|---|---|---|
| 0～0.5 | 连续通电 | 没有感觉 |
| 0.5～5 | 连续通电 | 开始有感觉，手指、手腕等处有痛觉，没有痉挛，能够摆脱带电体 |
| 5～30 | 数分钟内 | 痉挛，不能摆脱带电体，呼吸困难，血压升高，是可以忍受的极限 |
| 30～50 | 数秒到数分 | 心脏跳动不规则，昏迷，血压升高，强烈痉挛，时间过长即引起心室颤动 |
| 50～几百 | 低于心脏搏动周期 | 受强烈冲击，但未发生心室颤动 |
| | 超过心脏搏动周期 | 昏迷，心室颤动，接触部位留有电流通过的痕迹 |
| 超过数百 | 低于心脏搏动周期 | 在心脏搏动周期的特定时刻触电时，发生心室颤动，昏迷，接触部位有电流流过的痕迹 |
| | 超过心脏搏动周期 | 心脏停止跳动，昏迷，可能致命的电灼伤 |

2）人体电阻

人体电阻包括内部组织电阻和皮肤电阻两部分。内部组织电阻是固定不变的，且与触电电压和外部条件无关，一般为 500 Ω 左右。皮肤电阻主要由角质层决定，角质层越厚，电阻就越大。人体电阻一般为 1 500～2 000 Ω（为保险起见，通常取 800～1 200 Ω）。

影响人体电阻的因素很多，除了皮肤厚薄之外，多汗、有损伤、带有导电性粉尘等都会降低人体电阻。不同条件下人体的电阻见表 1-3。

表 1-3　不同条件下的人体电阻

| 接触电压/V | 人体电阻/Ω | | | |
|---|---|---|---|---|
| | 皮肤干燥 | 皮肤潮湿 | 皮肤湿润 | 浸入水中 |
| 10 | 7 000 | 5 500 | 1 200 | 600 |
| 25 | 5 000 | 2 500 | 1 000 | 500 |

续表

| 接触电压/V | 人体电阻/Ω | | | |
|---|---|---|---|---|
| | 皮肤干燥 | 皮肤潮湿 | 皮肤湿润 | 浸入水中 |
| 50 | 4 000 | 2 000 | 875 | 400 |
| 100 | 3 000 | 1 500 | 770 | 375 |
| 250 | 1 500 | 1 000 | 650 | 325 |

3）电压的影响

电压越高，危险性就越大。人体通过 10 mA 以上的电流就会有危险，因此，要使通过人体的电流小于 10 mA。若人体电阻按 1 200 Ω 算，根据欧姆定律，$U = IR = 0.01 \times 1\,200 = 12$（V）。如果电压小于 12 V，则触电电压小于 12 V，电流小于 10 mA，人体是安全的。我国规定：特别潮湿，容易导电的地方，12 V 为安全电压；如果空气干燥，条件较好，可用 24 V 或 36 V 电压。一般情况下，12 V、24 V、36 V 是安全电压的三个级别。

4）触电时间

触电时间越长，触电的危险性就越大。引起触电危险的工频电流和通过电流的时间关系可用下式表示：

$$I = \frac{165}{\sqrt{t}} \tag{1-26}$$

式中，$I$——引起触电危险的电流（mA）；

$t$——通电时间（s）。

我国规定 50 mA · s 为安全值，超过这个数值就会对人体造成伤害。

5）触电部位及健康状况

触电电流流过呼吸器官和神经中枢时，危害程度较大；流过心脏时，危害程度更大；流过大脑时，会使人立即昏迷。心脏病、内分泌失调、肺病、精神病患者，在同等情况下，危险程度更大些。

**3. 电气火灾**

电气火灾是什么呢？电线不论粗细，在使用过程中都会发热，电流在允许的范围内时发热较小，当电流超过一定限度时，发热也会超过一定的限度，时间一长电线绝缘外皮就会被烧坏甚至引起火灾。

1）电气火灾的原因

引发电气火灾的直接原因多种多样，如短路、过载、接触不良、电弧火花、漏电、雷击或静电等都能引起火灾。电气火灾大多是由电气工程、电器产品的质量以及管理不善等问题造成的。

2）电气火灾的预防

（1）在安装电气设备时必须保证质量，并应满足安全防火的各项要求。要用合格的电气设备，破损的开关、灯头和破损的电线都不能使用，电线的接头要按规定连接法牢靠连接，并用绝缘胶带包好。对接线桩头、端子的接线要拧紧螺丝，防止因接线松动而造成接触不良。

(2) 不要在低压线路和开关、插座、熔断器附近放置油类、棉花、木屑及木材等易燃物品。

3) 如何灭火

发生电气火灾时首先断开火场电源（不含灭火用照明灯电源），应使用盖土、盖沙等方法，或使用灭火器，但绝不能使用泡沫灭火器，因为此种灭火剂是导电的。常用的电气灭火器材有二氧化碳灭火器、干粉灭火器等。使用灭火器时，应站在火源上风口，喷嘴对准着火点，保持安全距离喷射灭火。

## 二、触电方式及防护措施

### 1. 触电方式

根据人体及带电体的方式和电流通过人体的途径，触电方式大致有以下几种，即单相触电、双相触电、跨步电压触电以及雷击。

1) 单相触电

人的一部分接触带电体，另一部分与大地或者中性线相接，电流从带电体经过人体到大地形成回路，这种触电方式称为单相触电，如图 1-21 所示。

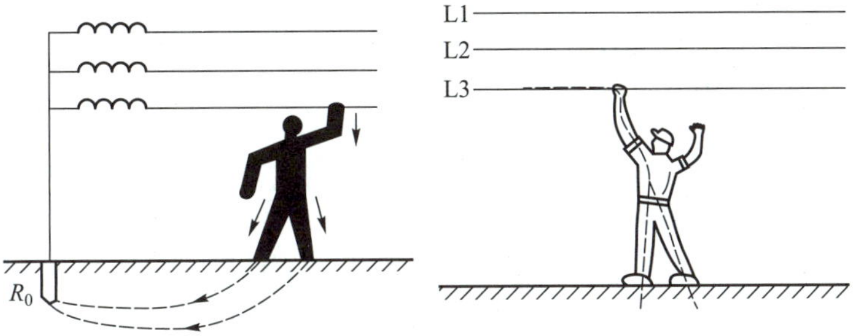


图 1-21　单相触电

2) 双相触电

人体同时接触火线，加在人体的电压是 380 V，这种情况很危险，但是出现的可能性较小。在家庭电路中，人虽然站在绝缘体上，但若人体同时触到火线和零线会直接形成通路，这样也就形成了双相触电，如图 1-22 所示。

图 1-22　双相触电

3) 跨步电压触电

所谓的“跨步电压”是指当高压电线断落在地面时，会在导线接地点及周围形成强电场，其中，接地点电位最高，距离越远电位越低。当人或牲畜跨进这个区域时，两脚跨步之间将存在一个跨步电压，使人或牲畜产生跨步电压触电。此时，应该单脚跳出距离接地点 8~10 m 以上才能脱离危险，如图 1-23 所示。

图 1-23　跨步电压触电

4）雷击

雷击，指打雷时电流通过人、畜、树木、建筑物等而造成杀伤或破坏。云层之间的放电对飞行器有危害，对地面上的建筑物和人、畜影响不大，但云层对大地的放电对建筑物、电子电气设备和人、畜危害甚大。

**2. 防护措施**

1）个人防护

初学者在用电设备和线路上带电工作时，应由有经验的电工监护，穿长袖工作服，戴安全工作帽、绝缘手套，穿绝缘靴及相关的防护用品（见图 1-24），同时还要使用绝缘用具操作，如绝缘杆、绝缘夹钳、安全带、脚扣、脚踏板等。接线时，应先接负载，然后接电源；拆线时，则应先断开电源，后拆负载。

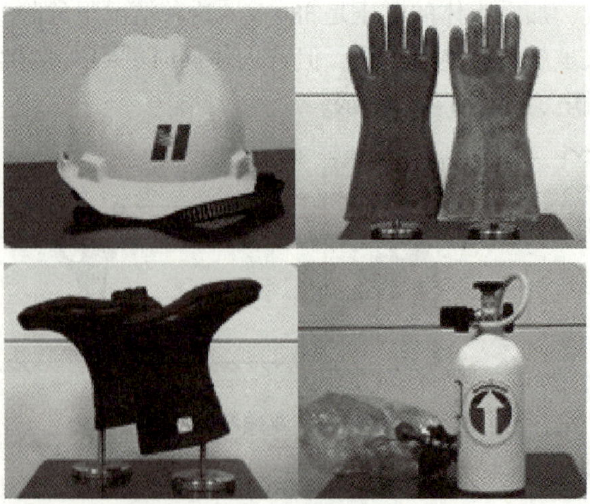

图 1-24　防护用品

2）预防直接触电的措施

（1）绝缘措施。

良好的绝缘是防止触电事故的重要措施，根据绝缘材料的不同，可分为气体绝缘、液体绝缘和固体绝缘。高压线在空气中裸线架设，绝缘材料为气体；三相油冷式变压器中注满了变压器油，绝缘材料为液体；在印制板上安装电子元器件，绝缘材料为固体。用各种绝缘材料将带电体隔离封闭起来的措施称为绝缘措施。

（2）屏护措施。

采用屏护装置将带电体与外界隔绝开来的措施称为屏护措施，如图 1–25 所示。例如，电器的绝缘外壳，变压器的遮拦、栅栏，与地相接的金属网罩、金属外壳等都属于屏护装置。

注意：凡是由金属材料制作的屏护装置，均应妥善接地或接零。

（3）间距措施。

为防止人体或车辆触及或过分接近带电体，在带电体与人、畜之间，或带电体与带电体之间，带电体与地之间均应保持一定的安全距离。例如，导线与建筑物之间的最小距离，当线路电压为 1000 V 以下时，垂直距离应不少于 2.5 m，水平距离不少于 1 m；当线路电压在 35 kV 时，垂直距离最小为 4 m，水平距离最小为 3 m 等。

（4）设安全标识。

在有触电危险之处，必须设有明显的安全标识，以引起警惕，防止触电事故的发生，如图 1–26 所示。

图 1–25　屏护装置

图 1–26　安全标识

3）预防间接触电的措施

（1）加强绝缘措施。

采取双重绝缘的线路或设备更加安全，这样即使工作绝缘损坏后，还有一层加强绝缘，不易造成触电。

（2）电气隔离措施。

采用隔离变压器，使电气线路和设备的带电部分处于悬浮状态，这样即使人站在地面上接触线路，也不易触电。

注意：变压器的二次电压不得超过 500 V，且一端不得与大地相连，方能保证其隔离效果。

（3）自动断电措施。

使用漏电开关、漏电保护断路器等电气设备进行自动保护，当发生触电事故时，在规定的时间内，这些保护开关或设备能自动切断电源，从而起到保护作用。

## 三、常见的保护接地方式

### 1. 保护接地和保护接零

（1）保护接地：是指在电源中性点不接地的供电系统中，将电气设备的金属外壳与埋入地下并且与大地接触良好的接地装置进行可靠的电气连接，若设备漏电，则外壳上的电压将通过接地装置将电流导入大地，如图1-27所示。

图1-27　保护接地

当人与漏电设备外壳接触时，由于人体与漏电设备并联，且人体电阻远大于接地装置对地电阻，因此，通过人体电阻的电流非常小，从而消除了触电危险。接地装置通常采用厚壁钢管或角钢，接地电阻小于4 Ω为宜。

（2）保护接零：在中性点接地的供电系统中，将电气设备的金属外壳与电源中性线（零线）可靠连接。如果电气设备漏电致使金属外壳带电，设备外壳与中性线之间将形成良好的电流通路。这时，若有人接触设备金属外壳，由于人体电阻远大于设备外壳与零线之间的接触电阻，故通过人体的电流很小，即排除了触电危险，如图1-28所示。

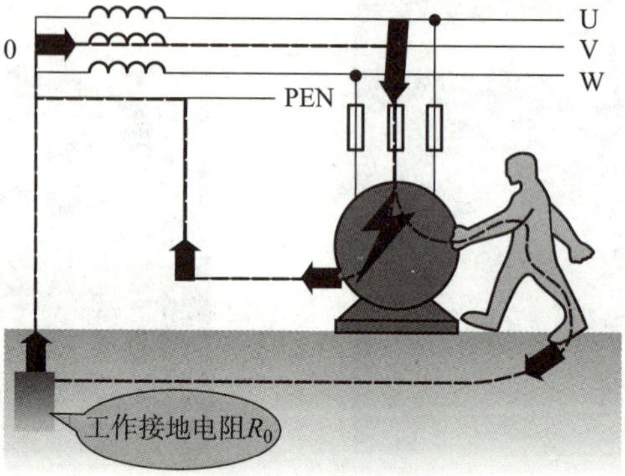


图1-28　保护接零

采用保护接零措施后，零线绝对不准断开，所以零线上不准安装开关和熔断器。另外，为确保安全，还应将零线与接地装置可靠连接，即重复接地，此时万一零线开路，重复接地将起着把漏电电流导入大地的作用。

### 2. 低压电网接线方式

根据国际电工委员会（IEC）第64技术委员会（TC64）规定，低压电网的接线方式有以下5种：TT、IT、TN-C、TN-C-S、TN-S。低压三相供配电系统要保证安全用电，就必须正确掌握防触电保护的方法。

接地形式分为TN、TT、IT三大类，系统特性以符号表示，字母含义为：第一个字母表示电源与地的关系。“T”表示在某一点上牢固接地；“I”表示所有带电零件与地绝缘或某一点经阻抗接地。第二个字母表示电气设备外壳与地的关系：“T”表示外壳牢固接地，且与电源接地无关；“N”表示外壳牢固地接到系统接地点。其后的字母表示电网中中性线与保护线的组合方式：“C”表示中线与保护线是合一的（PEN 线）；“S”表示中性线与保护线是分开的。

1）TN 系统

TN 系统的电源端有一个直接接地点，并引出 N 线，属三相四线制系统。系统中用电设备外壳通过保护线与该点直接连接，即保护接零。按照系统中中性线与保护线的不同组合方式，又分为以下三种形式。

（1）TN-C 系统。

整个系统的中性线与保护线是合一的，称为 TN-C 系统，如图 1-29 所示。由于投资较少，又节约导电材料，因此过去其在我国应用比较普遍。

当三相负荷不平衡或只有单相用电设备时，PEN 线上有正常负荷电流流过，在 PEN 线上产生的压降呈现在用电设备的外壳上，使其带电位，对地呈现电压。正常工作时，这种电压视情况为几伏到几十伏，低于安全电压 50V，但当发生 PEN 线断开或相对地短路故障时，对地电压大于安全电压，使触电危险加大。同时，同一系统内 PEN 线是相通的，故障电压会沿 PEN 线传至其他未发生故障处，可能会引起新的电气故障。另外，由于该系统全部用 PEN 线做设备接地，故无法实现电气隔离，不能保证电气检修人员的人身安全，在国际上基本不被采用，名存实亡。

（2）TN-S 系统。

整个系统的中性线与保护线是分开的，称为 TN-S 系统，如图 1-30 所示。这种系统的优点在于 PE 线在正常情况下不通过负荷电流，它只在发生接地故障时才带电位，因此不会对接地 PE 线上其他设备产生电磁干扰，所以这种系统适用于数据处理、精密检测装置等。

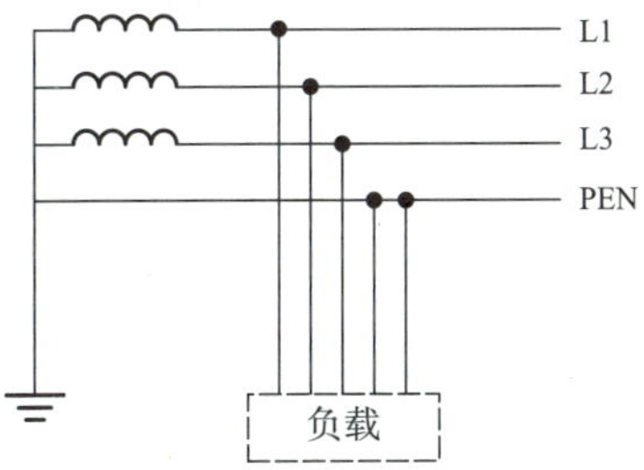

图 1-29　TN-C 系统

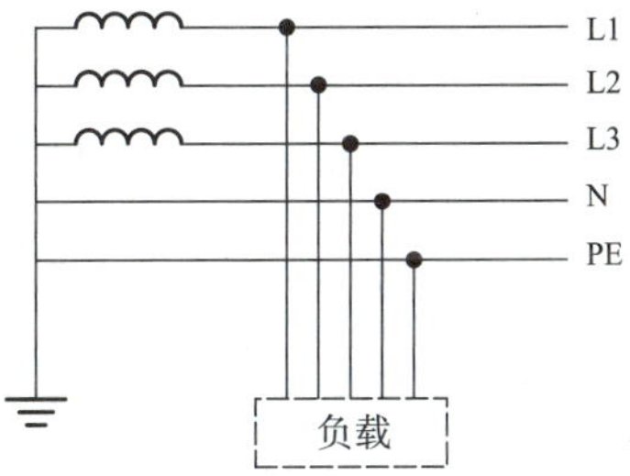

图 1-30　TN-S 系统

在此系统中，即使 N 线断线也不会影响 PE 线上设备的防止间接触电安全，这种系统多用于环境条件较差、对安全可靠性要求较高及设备对电磁干扰要求较严的场所。但是这种系统不能解决对地故障电压蔓延和相对地短路引起中性点电位升高等问题。

（3）TN-C-S 系统。

系统中的中性线与保护线先是合一的，然后又分开，称为 TN-C-S 系统，如图 1-31 所示。PEN 分为 PE 线和 N 线后，即不能再与 PE 线合并或互换。

这种系统兼有 TN-C 系统和 TN-S 系统的特点，电源线路结构简单，又保证了一定的安全水平，常用于配电系统末端环境条件较差或有数据处理等设备的场所，因 PE 线带有前端 PEN 线上某种程度的电压，这样设备外壳就带上了电压，故人体接触后就有被电击的可能。

2）TT 系统

TT 系统的电源端有一个直接接地点，也引出 N 线，属于三相四线制系统，如图 1-32 所示。系统中用电设备外壳与地做直接的电气连接，又称保护接地。

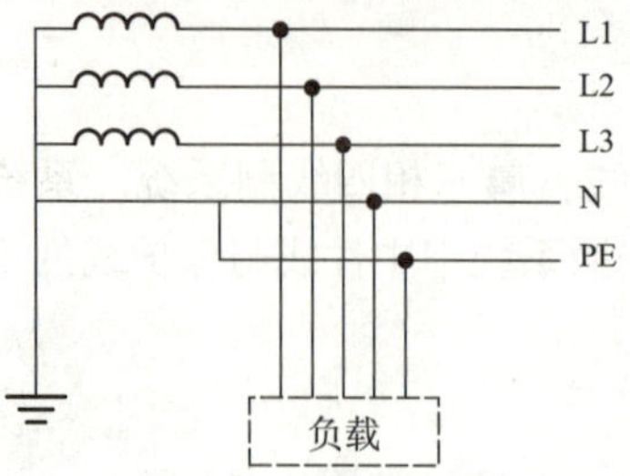


图 1-31　TN-C-S 系统

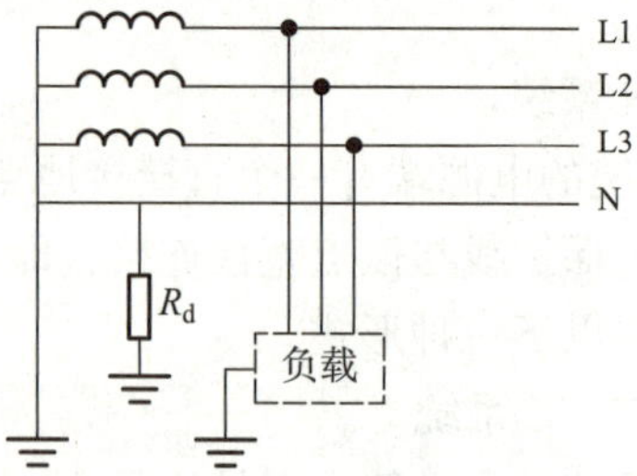


图 1-32　TT 系统

这个接地点与电源端接地点是没有的，该系统由于所有设备的外壳是经各自的 PE 线分别直接接地的，各自的 PE 线间无电磁联系，因此也适用于对数据处理、精密检测装置等供电，这样就杜绝了危险故障电压沿 PE 线传到其他未发生故障处。

3）IT 系统

IT 系统的电源中性点不接地或经阻抗（约1 000 Ω）接地且通常不引出 N 线，该系统是三相三线制系统，习惯称为不接地系统，如图 1-33 所示。系统中的用电设备外壳与地做直接的电气连接。用电设备外壳经各自的 PE 线直接接地，PE 线间无电磁联系，适用于数据处理、精密检测装置等。

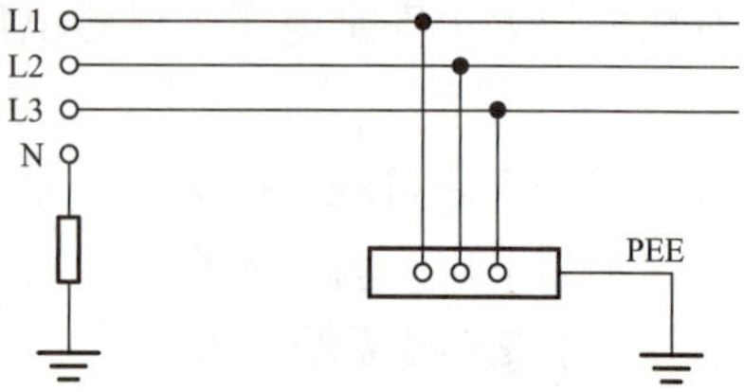


图 1-33　IT 系统

当发生单相接地故障时，所有三相用电设备仍可暂时继续运行，另两相对地电压将由相电压升高到线电压。当接地电流大于发生电弧的最小燃弧电流时，会对用电设备造成火灾等危险，人触及会造成人身事故。因此对 IT 系统来说，应装绝缘监察装置，以此来达到保护设备和人身安全的目的。

安全符号的意义

## 四、安全用电符号

安全用电符号如图 1-34 所示，其颜色、含义及用途见表 1-4。

图 1-34　安全用电符号

图 1-34　安全用电符号（续）

表 1-4　安全用电符号的颜色、含义及用途

| 颜色 | 含义 | 用途 |
|---|---|---|
| 红色 | 禁止 | 禁止标志、禁止通行 |
| | 停止 | 停止信号、机器和车辆上紧急停止按钮及禁止触动的部位 |
| | 消防 | 消防器材及灭火 |
| | 信号灯 | 电路处于通电状态 |
| 蓝色 | 指令 | 指令标志 |
| | 强制执行 | 必须戴安全帽，必须戴绝缘手套，必须穿绝缘胶鞋 |
| 黄色 | 警告 | 警告标志，警戒标志，当心触电 |
| | 注意 | 注意安全，安全帽 |

续表

| 颜色 | 含义 | 用途 |
|---|---|---|
| 绿色 | 提供信息 | 提供标志，启动按钮，已接地，在此工作 |
| | 安全 | 安全标志，安全信号旗 |
| | 通行 | 通行标志，从此上下 |
| 黑色 | 图形、文字 | 警告标志的几何图形，书写警告文字 |

# 项目二

## 三相异步电动机单向运行控制线路的装调

### 项目介绍

在生产实际中，电动葫芦的起重电动机、机床刀架的快速移动等均是通过点动控制方式运行的，机床的主轴电动机、冷却泵电动机等是通过连续控制方式运行的。点动和连续运行是三相异步电动机单向运行的两种典型形式。

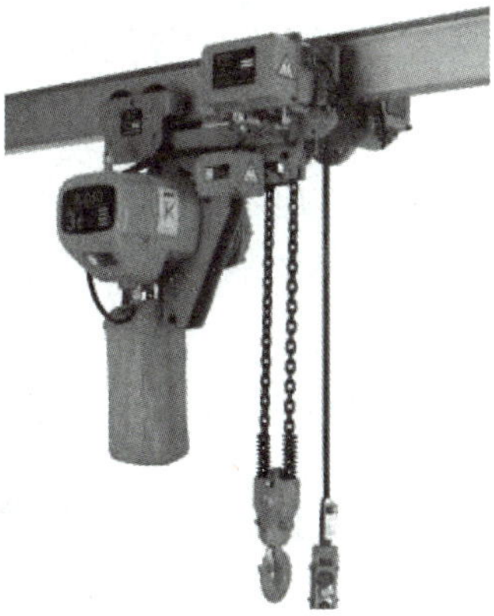

电动葫芦

钻床

本项目要求同学们掌握低压电器的选用，熟悉常用电工工量具，能对电气图进行识读，并能根据电气图进行安装与调试。

### 学有所获

| 序号 | 学习效果 | 知识目标 | 能力目标 |
|---|---|---|---|
| 1 | 掌握低压电器的铭牌识读 | √ | |
| 2 | 掌握电动机点动和连续运行的控制原理 | √ | |
| 3 | 掌握电动机点动和连续运行控制电气图的识读 | √ | |
| 4 | 熟悉常用电工工量具的使用规范 | √ | |

续表

| 序号 | 学习效果 | 知识目标 | 能力目标 |
|---|---|---|---|
| 5 | 能熟练使用常用电工工量具 | | √ |
| 6 | 会选用低压电器 | | √ |
| 7 | 能熟练对电动机的点动和连续控制进行安装与调试 | | √ |
| 8 | 能够排除电动机点动和连续运行的接线中出现的故障 | | √ |

## 任务一　电动机点动控制电路的安装与调试

### ■ 任务资讯

### 一、低压电器

低压电器通常是指在交流电压 1 200 V 或直流电压 1 500 V 以下工作的电器。常见的低压电器有开关、熔断器、接触器、漏电保护器和继电器等。进行电气线路安装时，电源和负载之间用低压电器通过导线连接起来，可以实现负载的接通、切断和保护等控制功能。

**1. 刀开关**

刀开关又称闸刀开关，是结构最简单、应用最广泛的一种手控电器。刀开关在低压电路中用于不频繁地接通和分断电路，或用于隔离电路与电源，故又称“隔离开关”。

1）刀开关的分类

刀开关按极数分有单极、双极和三极；按结构分有平板式和条架式；按操作方式分有直接手柄操作式、杠杆操作机构式、旋转操作式和电动操作机构式。除特殊的大电流刀开关有些采用电动操作方式外，其他的都采用手动操作。

2）刀开关的结构和安装

刀开关由绝缘底板、静插座、手柄、触刀和铰链支座等部分组成，其外形如图 2-1 所示。推动手柄使触刀绕铰链支座转动，即可将触刀插入静插座内，电路即被接通。若使触刀绕铰链支座做反向转动，脱离插座，电路即被切断。

图 2-1　刀开关的外形

刀开关在分断有负载的电路时，其触刀与插座之间会产生电弧，为此采用速断刀刃的结构，使触刀迅速拉开，加快分断速度，保护触刀不被电弧所灼伤。对于大电流刀开关，为了防止各极之间发生电弧闪烁，导致电源相间短路，刀开关各极间设有绝缘隔板，有的设有灭弧罩。

刀开关应垂直安装在开关板上，使静插座位于上方，应将电源进线接在静插座上，用电设备应接在动触点一边的出线端，这样刀开关断开时，闸刀和熔丝均不带电，以保证更换熔丝时的安全。如果静插座位于下方，则当刀开关打开时，如果支座松动，闸刀在自重的作用下向下掉落而发生误动作，会造成严重事故。

刀开关用于隔离电源时，合闸顺序是先合上刀开关，再合上其他用以控制负载的开关，分闸顺序则相反。

3）刀开关的符号

刀开关的图形和文字符号如图 2-2 所示。

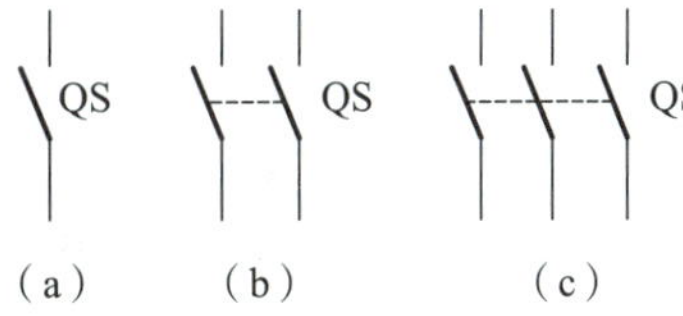


图 2-2　刀开关的图形和文字符号

（a）单极；（b）双极；（c）三极

4）刀开关的型号含义

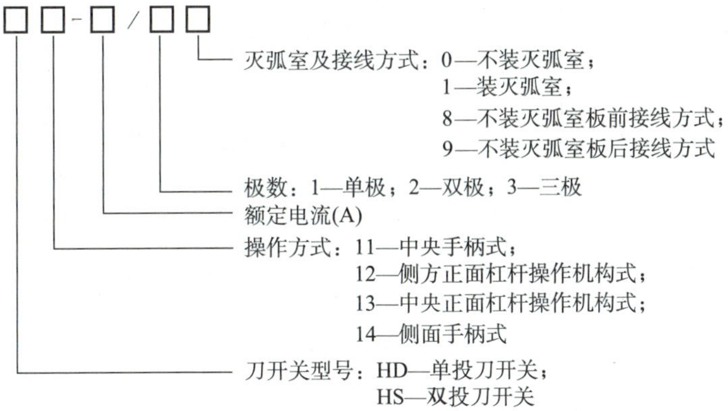

□□-□/□□

- 灭弧室及接线方式：0—不装灭弧室；1—装灭弧室；8—不装灭弧室板前接线方式；9—不装灭弧室板后接线方式
- 极数：1—单极；2—双极；3—三极
- 额定电流(A)
- 操作方式：11—中央手柄式；12—侧方正面杠杆操作机构式；13—中央正面杠杆操作机构式；14—侧面手柄式
- 刀开关型号：HD—单投刀开关；HS—双投刀开关

例如：HD13-500/31，表示单投刀开关（两个接线点，一进一出），中央正面杠杆操作机构式，额定电流 500 A，三极（通断三相电源线），带有灭弧罩或灭弧室。

5）刀开关的选用原则

刀开关的主要功能是隔离电源。在满足隔离功能要求的前提下，选用的主要原则是保证其额定绝缘电压和额定工作电压不低于线路的相应数据、额定工作电流不小于线路的计算电流。

**2. 空气断路器**

空气断路器，也称空气开关，是一种常用的低压保护电器，当线路发生短路、过载、欠压时，它能自动跳闸，切断电源，从而有效地保护设备免受损坏或防止事故扩大。

1）空气断路器的结构及符号

空气断路器的结构及符号如图 2-3 和图 2-4 所示。

2）空气断路器的型号及选择

空气断路器中有两种脱扣器，一种是过电流脱扣器（又称延时脱扣器），由双金属片机构组成，用于过载保护，有 A、B 两种系列；另一种是瞬时脱扣器，由电磁机构组成，用于短路瞬时保护，有 C、D 两种系列。其中，C、D 系列应用较多，两个系列的短路动作电流分别是额定电流的 5～10 倍和 10～14 倍。C 系列适用于过载能力差的照明电路，一旦发生短路故障，尽可能优先跳闸，以降低损失。D 系列适用于过载能力强的动力配电系统，如机械设备、电动机等。动力配电系统的启动电流可达正常工作电流的 4～8 倍，如果用 C 系列断路器，启动瞬间就满足了短路跳闸的条件，这样将会引起断路器的误动作。

空气断路器的选择依据是额定电流，目前照明电路使用 DZ 系列的空气断路器，常见的有 C16、C25、C32、C40、C60、C80、C100、C120 等型号。动力配电系统常见的型号有 D20、D32、D50、D63、D80、D100、D125、D160、D250、D400、D600、D800、D1000 等（单位 A）。

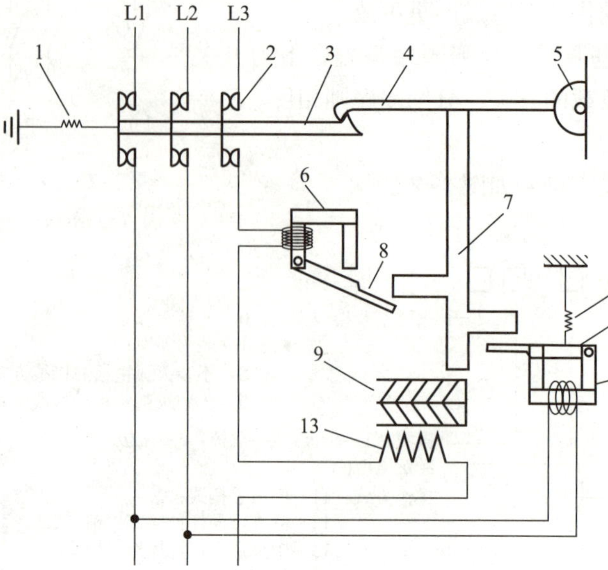


图 2-3　空气断路器的结构

1，10—弹簧；2—主触头；3—锁链；4—搭钩；5—轴；6—电磁脱扣器；7—杠杆；8，11—衔铁；9—双金属片；12—欠电压脱扣器；13—发热元件

例如，小型断路器 DZ47-63 D40，DZ：塑料外壳式断路器；47：设计代号；63：壳架等级额定电流最大 63A；D：D 系列（动力配电）；40：额定电流 40A，是指断路器的脱扣电流，即起跳电流。DZ47-63 的额定电流包括 5A、10A、16A（15A）、20A、25A、32A（30A）、40A、50A、60A（63A）。

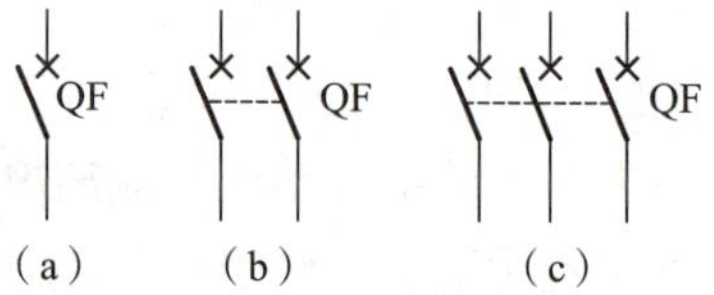


图 2-4　空气断路器的符号

(a) 单极；(b) 双极；(c) 三极

额定电流如果选择偏小，则断路器易频繁跳闸，引起不必要的停电；如果选择过大，则达不到预期的保护效果。对于照明电路，可按负载电流的 1.1 倍选择；对于动力配电系统，可按负荷电流的 1.25～1.4 倍选择；对于混合负荷，可按负荷电流的 1.15～1.25 倍选择。

**3. 接触器**

接触器是一种适用于在低压配电系统中远距离控制，频繁操作交、直流主电路及大容量控制电路的自动控制开关电器，主要应用于自动控制交、直流电动机，电热设备，电容器组等，应用十分广泛。

接触器具有强大的执行机构、大容量的主触点及迅速熄灭电弧的能力。当系统发生故障时，能根据故障检测元件所给出的动作信号，迅速、可靠地切断电源，并有低压释放功能。与保护电器组合可构成各种电磁启动器，用于电动机的控制及保护。

接触器的分类有几种不同的方式，如按操作方式分，有电磁接触器、气动接触器和电磁气动接触器；按灭弧介质分，有空气电磁式接触器、油浸式接触器和真空接触器等；按主触点控制的电流种类分，又有交流接触器、直流接触器和切换电容接触器等。另外还有建筑用接触器、机械联锁（可逆）接触器和智能化接触器等。建筑用接触器的外形结构与模数化小型断路器类似，可与模数化小型断路器一起安装在标准导轨上。其中应用最广泛的是空气电磁式交流接触器和空气电磁式直流接触器，习惯上简称为交流接触器和直流接触器。

以下以交流接触器为例来介绍接触器的相关知识。

1）交流接触器的外形结构与符号

交流接触器的外形结构和符号如图 2-5 所示。

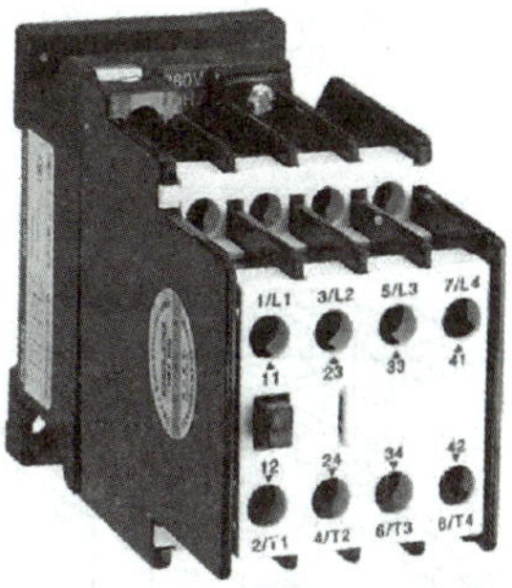


（a）

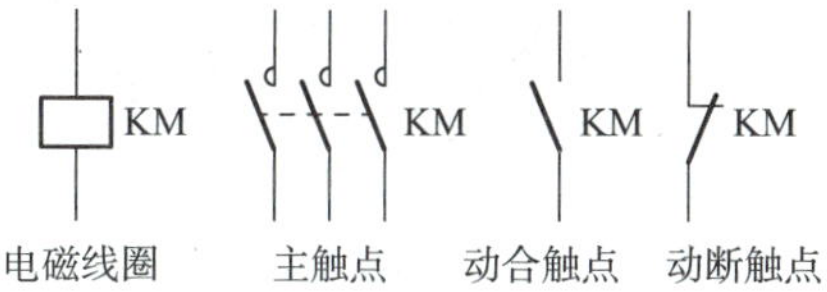


（b）

图 2-5　交流接触器的外形结构和符号

（a）交流接触器的外形结构；（b）交流接触器的符号

2）交流接触器的组成及动作原理

（1）交流接触器的组成。

①电磁机构。

交流接触器的检测

电磁机构用来操作触点的闭合和分断，它由静铁芯、线圈和动铁芯（衔铁）三部分组成。交流接触器的电磁系统有两种基本类型，即衔铁做绕轴运动的拍合式电磁系统和衔铁做直线运动的直线运动式电磁系统。交流电磁铁的线圈一般采用电压线圈（直接并联在电源电压上的具有较高阻抗的线圈），通以单相交流电，为减少交变磁场在铁芯中产生的涡流与磁滞损耗，防止铁芯过热，其铁芯一般用硅钢片叠铆而成。因交流接触器励磁线圈电阻较小（主要由感抗限制线圈电流），故铜损引起的发热不多，为了增加铁芯的散热面积，线圈一般做成短而粗的圆筒形。

②主触点和灭弧装置。

主触点用以通断电流较大的主电路，一般由接触面积较大的常开触点组成。交流接触器在分断大电流电路时，往往会在动、静触点之间产生很强的电弧，因此，容量较大（20 A 以上）的交流接触器均装有灭弧罩，有的还有栅片或磁吹灭弧装置。

③辅助触点。

辅助触点用以通断小电流的控制电路，它由常开触点和常闭触点成对组成。辅助触点不装设灭弧装置，所以它不能用来分合主电路。

④反力装置。

由释放弹簧和触点弹簧组成，且它们均不能进行弹簧松紧的调节。

⑤支架和底座。

用于接触器的固定和安装。

（2）交流接触器的动作原理。

当交流接触器线圈通电后，在铁芯中产生磁通，由此在衔铁气隙处产生吸力，使衔铁产生闭合动作，主触点在衔铁的带动下也闭合，于是接通了主电路。同时衔铁还带动辅助触点动作，使原来打开的辅助触点闭合，并使原来闭合的辅助触点打开。当线圈断电或电压显著降低时，吸力消失或减弱，衔铁在释放弹簧的作用下打开，主、副触点又恢复到原来状态。

交流接触器的动作原理如图 2-6 所示。

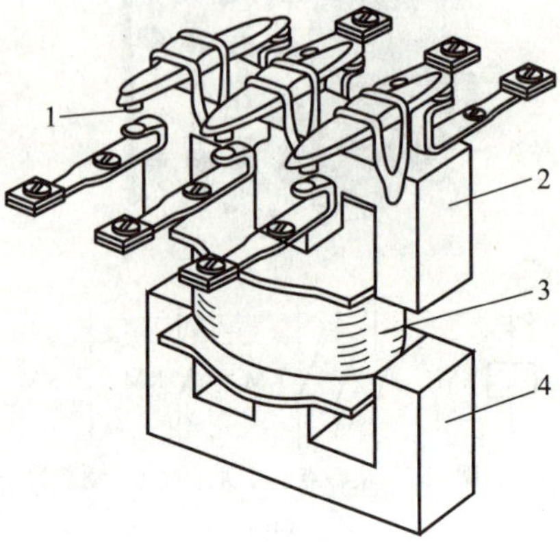


**图 2-6　交流接触器动作原理**

1—主触点；2—动铁芯；3—电磁线圈；4—静铁芯

（3）接触器的型号含义。

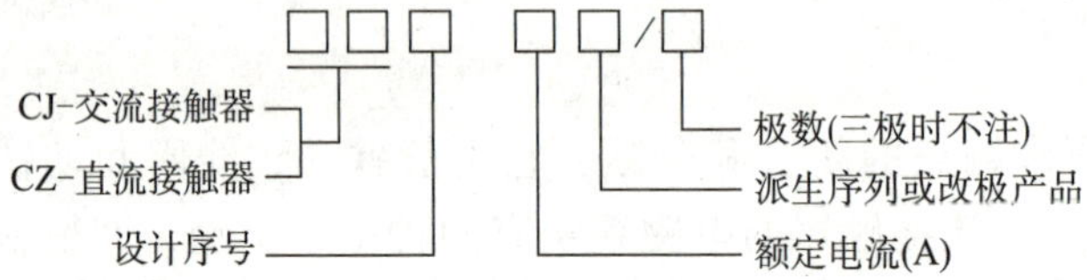


目前我国常用的交流接触器主要有 CJ20、CJXI、CJXZ、CJ12 和 CJ10 等系列，引进产品应用较多的有德国 BBC 公司制造技术生产的 B 系列、德国 SIEMENS 公司的 3TB 系列、法国 TE 公司的 LCI 系列等。

例如：CJX1-16/22 220V，CJ：交流接触器；X：小型；1：设计序号；16：额定工作电流 16 A；22：两对常开辅助触点 2NO，一般是标注尾号为 3 和 4 的触点，例如 23 和 24，两对常闭辅助触点 2NC，标注尾号是 1 和 2 的触点，例如 11 和 12；220V：接触器线圈的工作电压是 220 V。

CJ10-20，CJ：交流接触器；10：设计序号；20：主触点额定工作电流 20A。

（4）交流接触器的选择。

①接触器的类型选择：根据接触器所控制的负载性质来选择接触器的类型。

②额定电压的选择：接触器的额定电压应大于或等于负载回路的电压。

③额定电流的选择：接触器的额定电流应大于或等于被控回路的额定电流。

对于电动机负载可按下列经验公式计算：

$$I_c = P_N \times 10^3 / KU_N \tag{2-1}$$

式中，$I_c$——接触器主触点电流，单位为 A；

$P_N$——电动机的额定功率，单位为 kW；

$U_N$——电动机的额定电压，单位为 V；

$K$——经验系数，一般取 1 ~ 1.4。

选择接触器的额定电流应大于 $I_c$，也可查手册根据其技术数据确定。接触器如使用于频繁启动、制动和正反转的场合，一般其额定电流降一个等级来选用，即额定电流为 40 A 的主触点当 20 A 的使用，因为要考虑频繁操作、制动和正反转引起的冲击电流比正常工作电流大很多。

④接触器线圈的额定电压选择：接触器线圈的额定电压应与所接控制电路的电压相一致。

⑤接触器的触点数量、种类选择：触点数量和种类应满足主电路和控制线路的要求。

**4. 熔断器**

熔断器是一种应用广泛、简单而有效的保护电器。在使用中，熔断器中的熔体（也称为保险丝）串联在被保护的电路中，如果通过熔体的电流达到或超过了某一值，则在熔体上产生的热量便会使其温度升高到熔体的熔点，导致熔体自行熔断，达到保护的目的。

熔断器熔体中的电流为熔体的额定电流（长时间通过熔体而熔体不熔断的最大电流）时，熔体长期不熔断；当电路发生严重过载时，熔体在较短时间内熔断；当电路发生短路时，熔体能在瞬间熔断。熔体的这个特性称为反时限保护特性，即电流为额定值时长期不熔断，过载电流或短路电流越大，熔断时间越短。由于熔断器对过载反应不灵敏，故不宜用于过载保护，主要用于短路保护。

1）熔断器的结构及符号

熔断器主要由熔体和安装熔体的熔管或熔座两部分组成。熔体由熔点较低的材料如铅、锌、锡及铅锡合金做成丝状或片状。熔管是熔体的保护外壳，由陶瓷、绝缘钢纸或玻璃纤维制成，在熔体熔断时兼起灭弧作用。

常用的熔断器有瓷插式和螺旋式两种，它们的外形结构如图 2-7 所示。

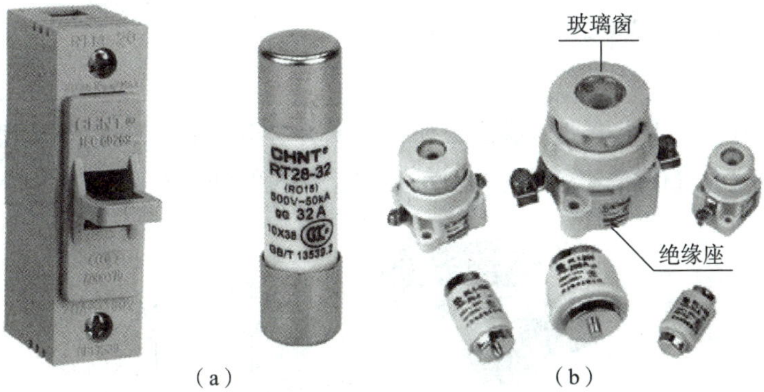


（a）　　　　　（b）

**图 2-7　熔断器外形结构**

（a）瓷插式熔断器；（b）螺旋式熔断器

熔断器的文字符号是 FU，电气符号为。

2）熔断器的选择

熔断器的选择主要是选择熔断器的种类、额定电压、额定电流和熔体的额定电流等。熔断器的种类主要由电气控制系统整体设计时确定，其额定电压应大于或等于实际电路的工作电压，额定电流应大于或等于熔体的额定电流。因此，确定熔体电流是选择熔断器的主要任务，具体有下列几条原则：

(1) 对于照明线路或电阻炉等没有冲击性电流的负载，熔体的额定电流（$I_{fN}$）应大于或等于电路的工作电流（$I_e$），即 $I_{fN} \geqslant I_e$。

(2) 保护一台异步电动机时，应考虑电动机冲击电流的影响，熔体的额定电流按下式计算：

$$I_{fN} \geqslant (1.5-2.5)\ I_N$$

式中，$I_N$——电动机的额定电流。

(3) 保护多台异步电动机时，若各台电动机不同时启动，则应按下式计算：

$$I_{fN} \geqslant (1.5-2.5) I_{Nmax} + \sum I_N \quad (2-2)$$

式中，$I_{Nmax}$——容量最大的一台电动机的额定电流；

$\sum I_N$——其余电动机额定电流的总和。

3）熔断器的型号含义

熔断器的型号含义如下：

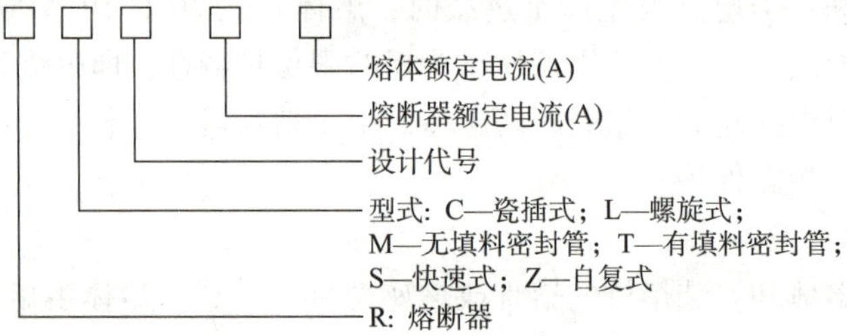


例如：RC1A-15/10，表示瓷插式熔断器，设计序号为1A，熔断器额定电流15 A，熔体额定电流10A。RL1-15/6，表示螺旋式熔断器，设计序号为1，熔断器额定电流15 A，熔体额定电流6 A。RT0-400/300，表示有填料密封管式熔断器，设计序号为0，熔断器额定电流400 A，熔体额定电流300 A。

**5. 按钮**

按钮是一种典型的主令电器，是用来接通或断开控制电路（其中电流很小），从而达到控制电动机或其他电气设备运行目的的一种开关。按钮的外形及符号如图2-8所示。

(a)　　(b)　　(c)

图2-8　按钮的外形及符号

(a) 按钮外形；(b) 常开按钮；(c) 常闭按钮

1）按钮的动作原理

按钮由按键、可动触点、固定触点、复位弹簧和按钮壳组成。固定触点两端是电路中的两个接线端。

启动按钮为常开触点，按键被按下前，电路是断开的，按键被按下后，克服弹簧力带动可动触点运动，常开触点被连通，电路也被接通；松开按键，弹簧回位，按钮恢复到断开状态。启动按钮一般用绿色按钮。

停止按钮为常闭触点，按键被按下前，触点是闭合的，按键被按下后，克服弹簧力带动可动触点运动，常闭触点被断开，电路也被分断；松开按键，弹簧回位，按钮恢复到闭合状态。停止按钮一般用红色按钮。

2）按钮的型号含义

按钮的型号含义如下：

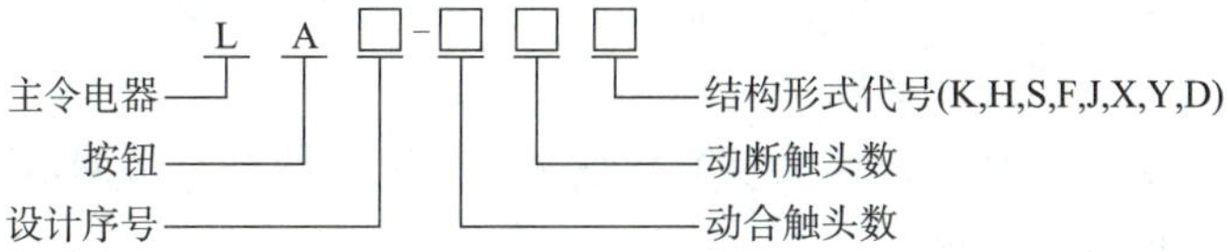


在结构形式代号中，K 表示开启式，适用于嵌装在操作面板上；H 表示保护式，带保护外壳，可防止内部零件受机械损伤或人偶然触及带电部分；S 表示防水式，具有密封外壳，能防止雨水浸入；F 表示防腐式，能防止腐蚀性气体进入；J 表示紧急式，带有红色大蘑菇钮头（凸出在外），作紧急切断电源用；X 表示旋钮式，用旋钮旋转进行操作，有通和断两个位置；Y 表示钥匙操作式，用钥匙插入进行操作，可防止误操作或供专人操作；D 表示光标按钮，按钮内装有信号灯，用于紧急切断电源。

例如：LA19-11D，表示按钮，设计序号为 19，常开、常闭触点各一对，有信号灯指示。LA20-11J，表示按钮，设计序号 20，常开、常闭触点各一对，有信号灯指示。

3）复合按钮

将常开与常闭按钮组合为一体的按钮，它既具有常闭触点又具有常开触点。在初始状态下，常闭触点是闭合的，常开触点是断开的。按下按钮时，常闭触点首先断开，常开触点后闭合，可认为是自锁型按钮；松开按钮后，按钮在复位弹簧的作用下，首先将常开触点断开（复位），继而将常闭触点闭合（复位），即回归到初始状态。复合按钮常用于联锁（互锁）控制电路中。复合按钮的外形、结构及符号如图 2-9 所示。

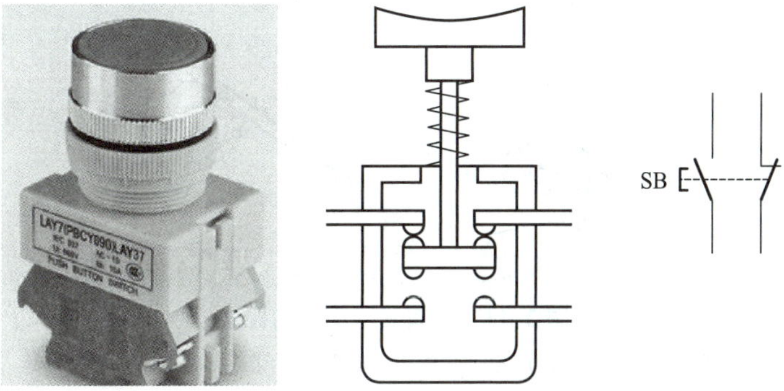


（a）　　（b）　　（c）

图 2-9　复合按钮

（a）外形；（b）结构；（c）符号

## 二、常用电工工具的使用

电工工具是电气操作的基本工具，电气操作人员必须掌握电工常用工具的结构、性能和正确的使用方法等。

### 1. 验电器

验电器是检验导线和电气设备是否带电的一种常用检测工具，分为低压验电器和高压验电器两种。低压验电笔是电工常用的一种辅助安全用具，用于检查500 V以下导体或各种用电设备的外壳是否带电。一支普通的低压验电笔可随身携带，只要掌握验电笔的原理，结合熟知的电工原理，即可达到灵活运用。

目前，低压验电笔通常有氖管式验电笔和数字式验电笔两种。下面以实际应用较广泛的氖管式验电笔为例，讲解其具体应用。

氖管式验电笔利用电容电流经氖管灯泡发光的原理制成，故也称发光型验电笔。氖管式验电笔由笔尖、降压电阻、氖管、弹簧和笔尾金属体等部分组成，其外形及组成如图2-10所示。

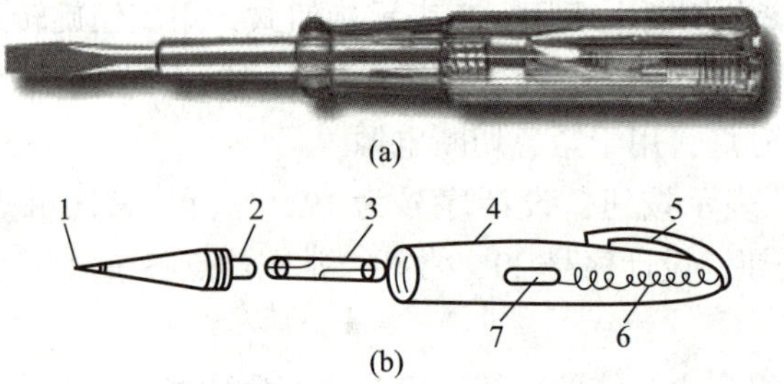


图2-10　氖管式验电笔

(a) 氖管式验电笔外形；(b) 氖管式验电笔组成

1—笔尖的金属体；2—电阻；3—氖管；4—笔身；5—笔尾的金属体；6—弹簧；7—小窗

使用氖管式验电笔时，必须按照图2-11所示的握法操作，即手指必须接触笔尾的金属体或测电笔顶部的金属螺钉。只要带电体与大地之间的电位差超过50 V，电笔中氖泡就会发光。

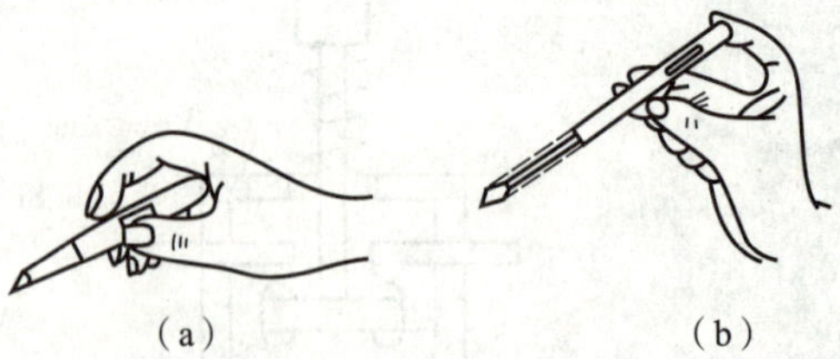


图2-11　氖管式验电笔的握法

(a) 钢笔式握法；(b) 螺丝刀式握法

氖管式验电笔在使用中需注意以下几点：

(1) 使用前应在确认有电的设备上进行试验，确认验电笔良好后方可进行验电。在强光下验电时，应采取遮挡措施，以防误判断。

(2) 验电笔可区分相线和地线，接触电线时，使氖管发光的线是相线，氖管不亮的线为地线或中性线。

(3) 验电笔可区分交流电和直流电。使氖管式验电笔氖管两极发光的是交流电，一极发光的是直流电，氖管的前端指验电笔笔尖一端，氖管的后端指手握的一端，前端明亮为负极，反之为正极。

(4) 验电笔还可以判断电压的高低。如果氖管灯光发亮至黄红色，则电压较高；如氖管发暗微亮至暗红色，则电压较低。

(5) 判断交流电的同相和异相。两手各持一支验电笔，站在绝缘体上，将两支笔同时触及待测的两条导线，如果两支验电笔的氖泡均不太亮，则表明两条导线是同相；若发出很亮的光，则说明是异相。

值得注意的是，不得随便拔掉或损坏验电笔工作触头金属部位的绝缘套保护管，防止在测量电源时手指误碰工作触头金属部位，从而避免触电伤害事故的发生。

**2. 万用表**

万用表是一种可以测量交、直流电流，交、直流电压及电阻等多种电学参量的磁电式仪表。万用表按显示方式分为模拟（指针）万用表和数字万用表，外形如图 2-12 所示，可测量直流电流、直流电压、交流电流、交流电压、电阻等，有的还可以测电容量、电感量及半导体的一些参数（如放大倍数$\beta$）等。

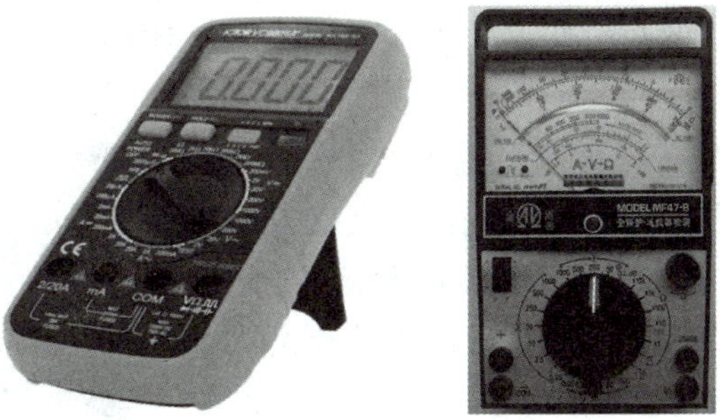


(a)　　　　(b)

图 2-12　万用表外形

(a) 数字万用表；(b) 模拟万用表

数字万用表与模拟万用表相比，其准确度与分辨力均较高，而且过载能力强、抗干扰性能好、功能多、体积小、重量轻，还能从根本上消除读取数据时的视差，因此得到了更广泛的应用。下面以数字万用表为例，说明其在本项目中的应用。

1）测交流接触器线圈电阻

(1) 将交流接触器与电路断开。

(2) 万用表测量设置：将万用表红表笔插入“V/Ω”插孔，将黑表笔插入“COM”插孔，将转换开关置于欧姆挡“Ω”的“2 k”量程处。

(3) 打开万用表电源开关，将红、黑表笔接到接触器的线圈两端 A1 和 A2（不分次序），读取万用表的液晶显示屏数据，然后乘以 1 000 即为线圈的阻值。接触器线圈的正常阻值是几百欧，如果测量的数据很小，比如几欧，甚至接近于零，则说明线圈短路；如果测量的数据非常大，例如无穷大“1”，则说明线圈断路。

2）测星形连接的三相异步电动机线电压和相电压

（1）将电动机的主电路和控制电路连接好，合上电源开关，按下启动按钮，电动机连续运转。

（2）万用表测量设置：将万用表红表笔插入“V/Ω”插孔，将黑表笔插入“COM”插孔，将转换开关置于交流电压挡“V～”的700量程处。

（3）打开万用表电源开关，液晶显示屏出现“HV ϟ”，提示危险，需谨慎操作。如图2-13所示。

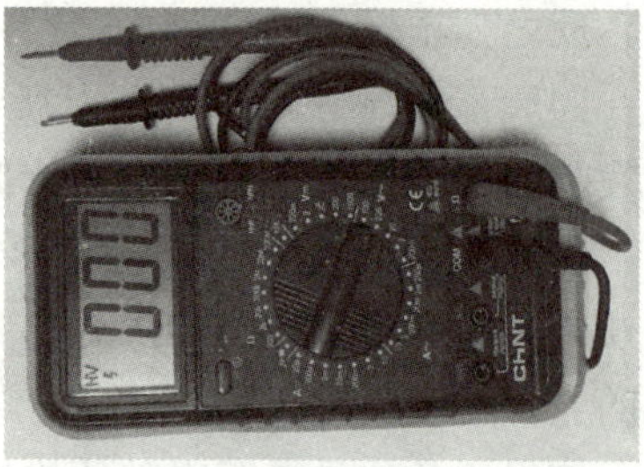

图2-13　万用表测交流电压

（4）将红、黑表笔接到电动机接线盒的U1、V1，或V1、W1，或W1、U1（不分次序），读取万用表的液晶显示屏数据，如果在380左右，则为正常，即星形连接的电动机线电压为380V。将红、黑表笔接到电动机接线盒的U1、U2，或V1、V2，或W1、W2（不分次序），读取万用表的液晶显示屏数据，如果在220左右，则为正常，即星形连接的电动机相电压为220 V。

注意：万用表测电压采用的方法是并联，即万用表的红、黑表笔跨接在被测负载的两端。

3）测星形连接的三相异步电动机线电流和相电流

（1）将电动机的主电路和控制电路连接好，并将万用表的红、黑表笔串联到主电路的任意一条火线中。

（2）万用表测量设置：若被测电流小于2 A，则将万用表红表笔插入“A”插孔（测量电流最大值不能超过2 A），或者“10 A”插孔（测量电流最大值不能超过10 A），将黑表笔插入“COM”插孔，将转换开关置于交流电流挡“A～”的相应量程处，并打开万用表电源开关。如图2-14所示。

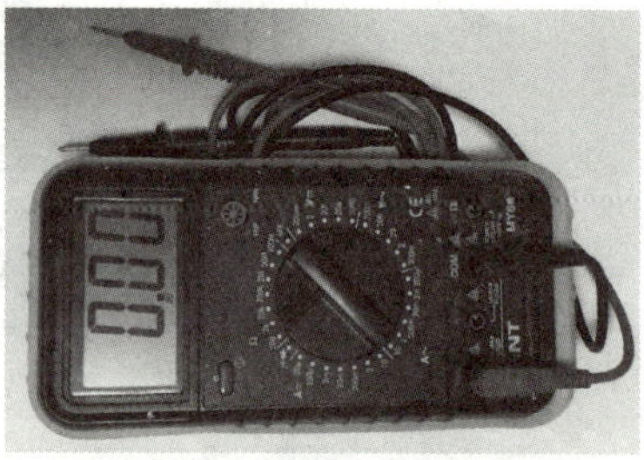

图2-14　万用表测交流电流

（3）合上电源开关，按下启动按钮，电动机连续运转，读取万用表的液晶显示屏数据，即为星形连接的三相异步电动机线电流值。

（4）根据星形连接的电路特点，上面的万用表串联回路也是相电流的测量电路，即星形连接的三相异步电动机的线电流和相电流相等。

注意：万用表测电流采用的方法是串联，即先将被测电路的某段断开，形成两个断点，再将万用表的红、黑表笔分别接到两断点处。

4）测交流接触器的触点状态

交流接触器有两排触点，下面一排为主触点，用于主电路的控制；上面一排为辅助触点，用于控制电路。接触器在接入电路之前，必须测量其触点的状态，以验证其是否损坏。

（1）测主触点。

首先，万用表测量设置：将万用表红表笔插入“V/Ω”插孔，将黑表笔插入“COM”插孔，将转换开关置于蜂鸣挡“♫ →|—”处，然后将万用表红、黑表笔分别与接触器的某

对主触点相连。如果常态下万用表不发出蜂鸣声，当按下接触器顶部手动按钮时，万用表就发出蜂鸣声，说明此对触点是常开触点。交流接触器的主触点都是常开触点，每一对主触点都需要进行测量验证。

（2）测辅助触点。

首先，万用表测量设置：将万用表红表笔插入“V/Ω”插孔，将黑表笔插入“COM”插孔，将转换开关置于蜂鸣挡“♫ —▶|—”处，然后将万用表红、黑表笔分别与接触器的某对辅助触点相连。如果常态下万用表不发出蜂鸣声，当按下接触器顶部手动按钮时万用表就发出蜂鸣声，说明此对触点是常开触点，应该与接触器上标识“NO”相符。如果常态下万用表发出蜂鸣声，当按下接触器顶部手动按钮时万用表就停止发出蜂鸣声，说明此对触点是常闭触点，应该与接触器上标识“NC”相符。辅助触点有辅助常闭触点和辅助常开触点，每一对触点也都需要测量验证。

**3. 螺丝刀**

螺丝刀又称起子，按其头部形状可分为一字形和十字形两种。其外形如图 2-15 所示。

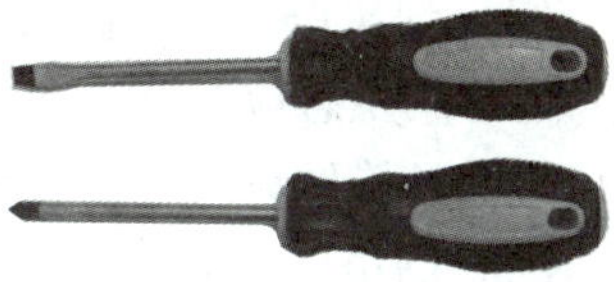

图 2-15　螺丝刀的外形

使用一字形或十字形螺丝刀时，用力要平稳，压和拧要同时进行。螺丝刀的使用方法如图 2-16 所示。

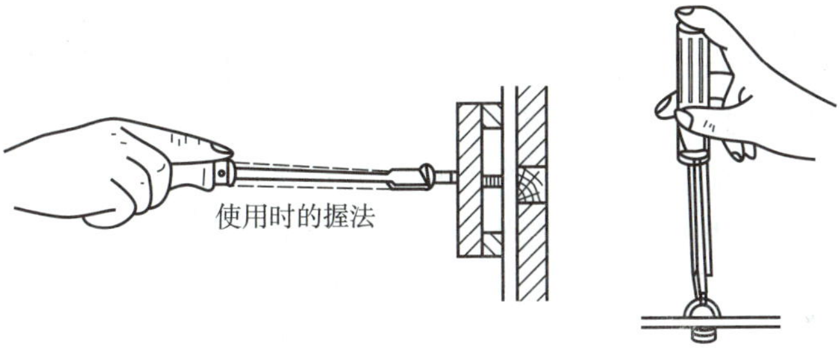


图 2-16　螺丝刀的使用方法

螺丝刀在使用中的注意事项：

（1）电工不可使用金属杆直通柄顶的螺丝刀；

（2）带电操作时，手不可触及螺丝刀的金属杆；

（3）使用时应选择与螺钉槽相同且大小规格相应的螺丝刀。

## 三、电动机工作原理及铭牌识读

电动机的拆装

**1. 电动机工作原理**

电动机是把电能转化为机械能的设备，主要由定子（静止部分）和转子（旋转部分）构成。三相电动机的结构示意图如图 2-17 所示。

1）基本原理

为了说明三相异步电动机的工作原理，我们做如下演示实验，如图 2-18 所示。

（1）演示实验：在装有手柄的蹄形磁铁的两极间放置一个闭合导体，当转动手柄带动蹄形磁铁旋转时，发现导体也跟着旋转；若改变磁铁的转向，则导体的转向也跟着改变。

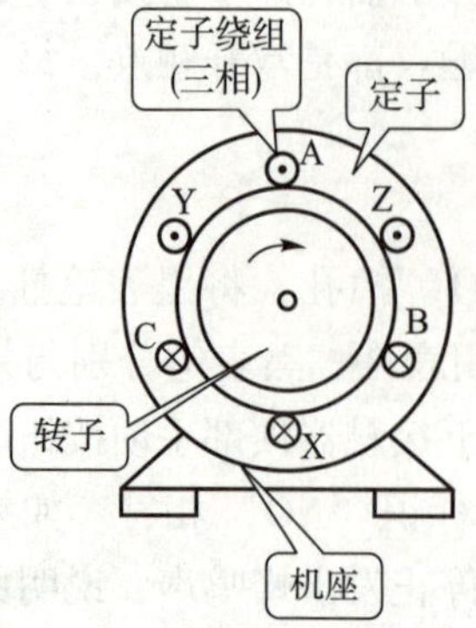

图 2-17 三相电动机的结构示意图

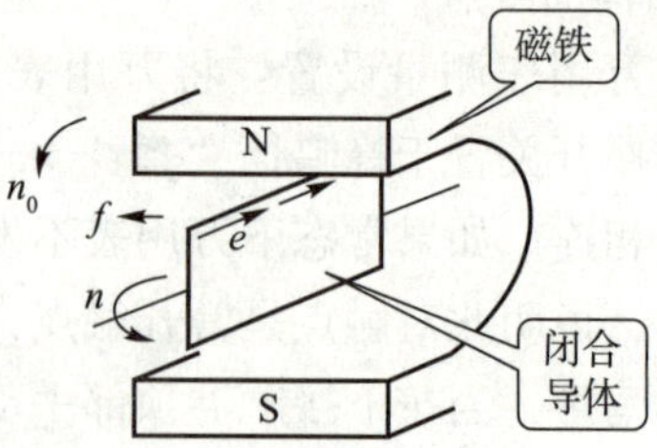

图 2-18 三相异步电动机工作原理

(2) 现象解释：当磁铁旋转时，磁铁与闭合的导体发生相对运动，导体切割磁力线而在其内部产生感应电动势和感应电流。感应电流又使导体受到一个电磁力的作用，于是导体就沿磁铁的旋转方向转动起来，这就是异步电动机的基本原理。

(3) 结论：欲使异步电动机旋转，必须有旋转的磁场和闭合的转子绕组。

2) 旋转磁场

(1) 旋转磁场的产生。

图 2-19 表示三相定子绕组 AX、BY、CZ，它们在空间按互差 120°的规律对称排列，并接成星形与三相电源 U、V、W 相连。这样，三相定子绕组中便形成三相对称电流：随着电流在定子绕组中通过，在三相定子绕组中就会产生旋转磁场，如图 2-20 所示。

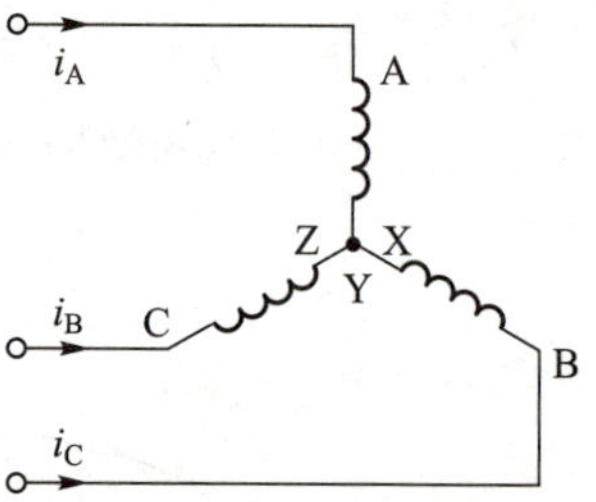

图 2-19 三相异步电动机定子接线

$$\begin{cases} i_U = I_m \sin\omega t \\ i_V = I_m \sin(\omega t - 120°) \\ i_W = I_m \sin(\omega t + 120°) \end{cases} \tag{2-3}$$

当 $\omega t = 0°$ 时，$i_A = 0$，AX 绕组中无电流；$i_B$ 为负，BY 绕组中的电流从 Y 流入、B 流出；$i_C$ 为正，CZ 绕组中的电流从 C 流入、Z 流出。由右手螺旋定则可得合成磁场的方向如图 2-20 (a) 所示。

当 $\omega t = 120°$时，$i_B = 0$，BY 绕组中无电流；$i_A$ 为正，AX 绕组中的电流从 A 流入、X 流出；$i_C$ 为负，CZ 绕组中的电流从 Z 流入、C 流出。由右手螺旋定则可得合成磁场的方向如图 2-20 (b) 所示。

当 $\omega t = 240°$时，$i_C = 0$，CZ 绕组中无电流；$i_A$ 为负，AX 绕组中的电流从 X 流入、A 流出；$i_B$ 为正，BY 绕组中的电流从 B 流入、Y 流出。由右手螺旋定则可得合成磁场的方向如图 2-20 (c) 所示。

可见，当定子绕组中的电流变化一个周期时，合成磁场也按电流的相序方向在空间旋转一周。随着定子绕组中的三相电流不断地作周期性变化，产生的合成磁场也不断地旋转，因此称为旋转磁场。

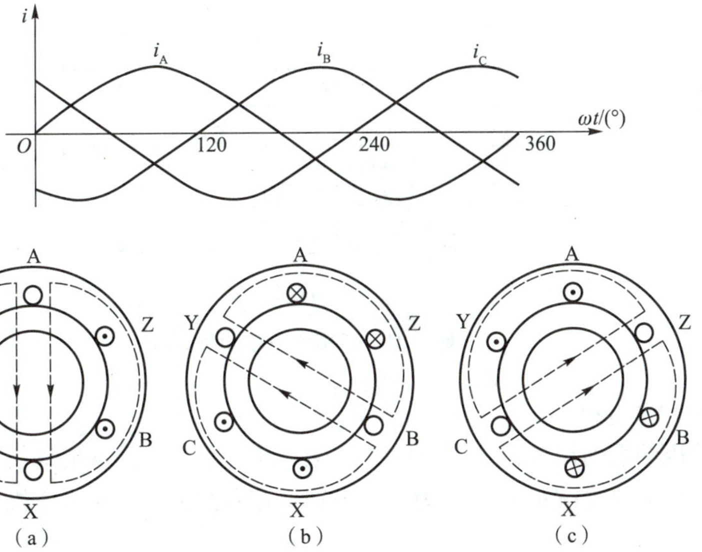


图 2-20　旋转磁场的形成

（a）$\omega t=0°$；（b）$\omega t=120°$；（c）$\omega t=240°$

（2）旋转磁场的方向。

旋转磁场的方向是由三相绕组中电流的相序决定的，若想改变旋转磁场的方向，只要改变通入定子绕组的电流相序，即将三根电源线中的任意两根对调即可。这时，转子的旋转方向也跟着改变。

3）电动机工作原理综述

当电动机的三相定子绕组通入三相对称交流电（幅值相等，频率相同，相位角互差120°）后，将产生一个旋转磁场，该旋转磁场切割转子绕组，从而在转子绕组中产生感应电流，载流的转子导体在定子旋转磁场的作用下将产生电磁力，从而在电动机转轴上形成电磁转矩，驱动电动机旋转。简而言之，三相对称交流电→旋转磁场→感应电流→电磁转矩→电动机转轴旋转。

**2. 电动机铭牌识读**

1）电动机的分类

电动机铭牌识读

电动机是把电能转换成机械能的一种设备，它是利用通电线圈产生旋转磁场并作用于转子形成磁电动力旋转扭矩，通过电动机输出轴输出动力。电动机按工作电源种类划分：直流电动机和交流电动机。直流电动机按结构及工作原理划分：无刷直流电动机和有刷直流电动机。交流电动机可分为同步电动机和异步电动机，同步电动机可分为永磁同步电动机、磁阻同步电动机和磁滞同步电动机。异步电动机可分为感应电动机和交流换向器电动机，感应电动机又分为三相异步电动机、单相异步电动机和罩极异步电动机等。工业生产中应用最广泛的是三相异步电动机。

2）三相异步电动机的铭牌

铭牌又称标牌，铭牌主要用来记载生产厂家及额定工作情况下的一些技术数据，是选择、安装、使用和修理电动机的重要依据。以三相异步电动机为例，铭牌的主要内容如图 2-21 所示。

<table>
<tr><td colspan="4">三相异步电动机</td></tr>
<tr><td colspan="3">型号Y-112-M-4</td><td>编号</td></tr>
<tr><td colspan="2">4.0kW</td><td colspan="2">8.8A</td></tr>
<tr><td>380V</td><td>1440r/min</td><td colspan="2">LW82dB</td></tr>
<tr><td>接法△</td><td>防护等级IP44</td><td>50Hz</td><td>45kg</td></tr>
<tr><td>标准编号</td><td>工作制SI</td><td>B级绝缘</td><td>年 月</td></tr>
<tr><td colspan="4">XX 电机厂</td></tr>
</table>

**图 2-21　三相异步电动机铭牌**

（1）型号（Y-112-M-4）。

Y 为电动机的系列代号，是指全封闭自冷式鼠笼型三相异步电动机，112 为机座底平面至输出转轴的中心高度（mm），M 为机座类别（L 为长机座，M 为中机座，S 为短机座），4 为磁极数。

（2）额定功率（4.0 kW）。

额定功率是指电动机在额定工况（额定电压、额定频率）下运行时，转轴上输出的机械功率，用 $P_N$ 表示，以千瓦（kW）或瓦（W）为单位。

（3）额定电压（380 V）。

额定电压是指接到电动机绕组上的线电压，用 $U_N$ 表示。三相电动机要求所接的电源电压值的变动一般不应超过额定电压的 ±5%。电压过高，电动机容易烧毁；电压过低，电动机难以启动，即使启动后电动机也可能带不动负载，容易烧坏。

（4）额定电流（8.8 A）。

额定电流是指三相电动机在额定电源电压下，输出额定功率时，流入定子绕组的线电流，用 $I_N$ 表示，以安（A）为单位。若超过额定电流过载运行，则三相电动机就会过热乃至烧毁。

三相异步电动机的额定功率与其他额定数据之间有以下关系式：

$$P_N = \sqrt{3} U_N I_N \cos\varphi_N \eta_N \tag{2-4}$$

式中，$\cos\varphi_N$——功率因数，一般为 0.7~0.9；

$\eta_N$——额定效率，一般为 75%~92%。

（5）额定频率（50 Hz）。

额定频率是指电动机所接的交流电源每秒钟内周期变化的次数，用 $f_N$ 表示。我国规定标准电源频率为 50 Hz。

（6）额定转速（1 440 r/min）。

额定转速表示三相电动机在额定工作情况下运行时每分钟的转速，用 $n_N$ 表示，一般其略小于对应的同步转速 $n_1$。如 $n_1$ = 1 500 r/min，则 $n_N$ = 1 440 r/min。

（7）绝缘等级（B 级）。

绝缘等级是指三相电动机所采用的绝缘材料的耐热能力，它表明三相电动机允许的最高工作温度。它与电动机绝缘材料所能承受的温度有关。A 级绝缘为 105℃，E 级绝缘为 120℃，B 级绝缘为 130℃，F 级绝缘为 155℃，H 级绝缘为 180℃。

（8）接法（△）。

三相电动机定子绕组的连接方法有星形（Y）和三角形（△）两种。定子绕组只能按规定方法连接，不能任意改变接法，否则会损坏三相电动机。

（9）防护等级（IP44）。

防护等级表示三相电动机外壳的防护等级，其中 IP 是防护等级标志符号，其后面的两位数字分别表示电动机防固体和防水能力。数字越大，防护能力越强，如 IP44 中第一位数字“4”表示电动机能防止直径或厚度大于 1 mm 的固体进入电动机内壳；第二位数字“4”表示能承受任何方向的溅水。

（10）噪声等级（LW82dB）。

在规定安装条件下，电动机运行时噪声不得大于铭牌值。

（11）工作制（S1）。

电动机的工作制表明电动机在不同负载下的允许循环时间，共分为 10 类，S1~S10。S1-连续工作制，S2-短时工作制，S3-断续周期工作制，S4-包括启动的断续周期工作制，S5-包括电制动的断续周期工作制，S6-连续周期工作制，S7-包括电制动的连续周期工作制，S8-包括变速变负载的连续周期工作制，S9-负载和转速非周期性变化工作制，S10-离散恒定负载工作制。

## 四、电气图的识读与绘制

低压电气图的识读

电气图是用来阐述电气工作原理，描述电气产品的构造和功能，并提供产品安装和使用方法的一种简图，主要以图形符号、线框或简化外表来表示电气设备或系统中各组成部分之间的连接方式。常用的电气图包括电气原理图、电器布置图和电气安装接线图。

### 1. 电气原理图

电气原理图是根据生产机械运动形式对电气控制系统的要求，采用国家统一规定的电气图形符号和文字符号，按照电气设备和电器的工作顺序，详细表示电路、设备或成套装置的全部基本组成和连接关系，而不考虑其实际位置的一种简图。电气原理图能充分表达电气设备和电器的用途、作用和工作原理，是电气线路安装、调试和维修的理论依据。

1）电气原理图的识读与分析

电动机的控制是以接触器为核心元件实现的，接触器各触点的状态转换是由接触器的线圈得电状态决定的。所以，电气原理图的分析主要采用“线圈推导法”。

电动机点动控制电路如图 2-22 所示。

分析过程如下：

（1）首先观察主电路，确定电动机与接触器的对应关系。电动机 M 由接触器 KM 控制。

（2）观察控制电路，排除电路保护电器，包括熔断器和空气断路器等，分析剩下的接触器及按钮所构成的控制线路，具体是图 2-22 中的接触器 KM 和按钮 SB。

（3）分析线圈所在支路。图中只有一个线圈 KM，按下常开按钮 SB，KM 线圈得电，其主触点闭合，电动机 M 转动；松开 SB，KM 线圈失电，主触点断开，电动机 M 停止。

（4）最后得出结论，即电路的功能——点动控制。

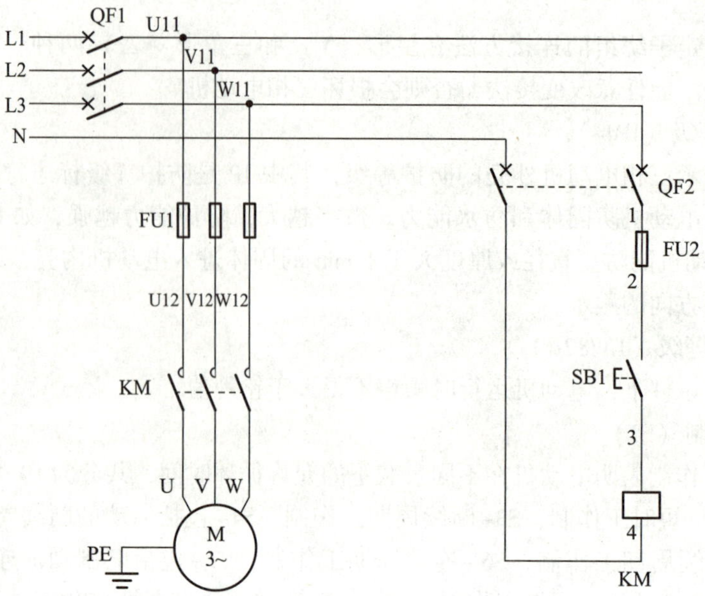


图 2–22　电动机点动控制电路

2）电气原理图的绘制

绘制电气原理图时应遵循以下原则：

（1）电气原理图一般分电源电路、主电路和辅助电路三部分绘制。

①电源电路画成水平线，三相交流电源相序 L1、L2、L3 自上而下依次画出，中线 N 和保护地线 PE 依次画在相线之下。直流电源的“+”端画在上边，“-”端在下边画出。电源开关要水平画出。

②主电路是指电源向负载提供电能的电路，它由主熔断器、接触器的主触点、热继电器的热元件以及电动机等组成。主电路通过的电流是电动机的工作电流，电流较大。主电路图要画在电气原理图的左侧并垂直电源电路。

③辅助电路一般包括控制主电路工作状态的控制电路、显示主电路工作状态的指示电路、提供机床设备局部照明的照明电路等。它是由主令电器的触点、接触器线圈及辅助触点、继电器线圈及触点、指示灯和照明灯等组成。辅助电路通过的电流都较小，一般不超过 5 A。画辅助电路图时，辅助电路要跨接在两相电源线之间，一般按照控制电路、照明电路和指示电路的顺序依次垂直画在主电路图的右侧，且电路中与下边电源线相连的耗能元件（如接触器和继电器的线圈、指示灯、照明灯等）要画在电气原理图的下方，而电器的触点要画在耗能元件与上边电源线之间。为读图方便，一般应按照自左至右、自上而下的排列来表示操作顺序。

（2）电气原理图中，各电器的触点位置都按电路未通电或电器未受外力作用时的常态位置画出。分析原理时，应从触点的常态位置出发。

（3）电气原理图中，不画各电器元件实际的外形图，而采用国家统一规定的电气图形符号画出。

（4）电气原理图中，同一电器的各元件不按它们的实际位置画在一起，而是按其在线路中所起的作用分画在不同电路中，但它们的动作却是相互关联的，因此，必须标注相同的文字符号。当图中相同的电器较多时，需要在电器文字符号后面加注不同的数字，以示区别，如 KM1、KM2 等。

（5）画电气原理图时，应尽可能减少线条和避免线条交叉。对有直接电联系的交叉导线连接点，要用小黑圆点表示；无直接电联系的交叉导线则不画小黑圆点。

**2. 电器布置图**

电器布置图是根据电器在控制板上的实际安装位置，采用简化的外形符号（如正方形、矩形、圆形等）而绘制的一种简图。它不表达各电器的具体结构、作用、接线情况以及工作原理，主要用于电器的布置和安装。

电器布置图的绘制原则：

（1）机床或设备的轮廓线用细实线或点画线表示，电器元件均用粗实线绘制出简单的外形轮廓；

（2）电动机要和被拖动的机械装置画在一起，行程开关应画在获取信号的地方，操作手柄应画在便于操作的地方；

（3）各电器之间，上、下、左、右均应保持一定的距离，并且应考虑器件的发热和散热因素，便于布线、接线和检修等；

（4）体积大和较重的电器应安装在控制板的下方（例如电动机），发热元件应安装在控制板的上方（热继电器例外，安装在下方，便于和电动机的接线）；

（5）强电、弱电分开并注意屏蔽，防止外界干扰。

电器布置图中各电器的文字符号必须与电气原理图的标注相一致。星三角降压启动的电器布置图如图 2－23 所示。

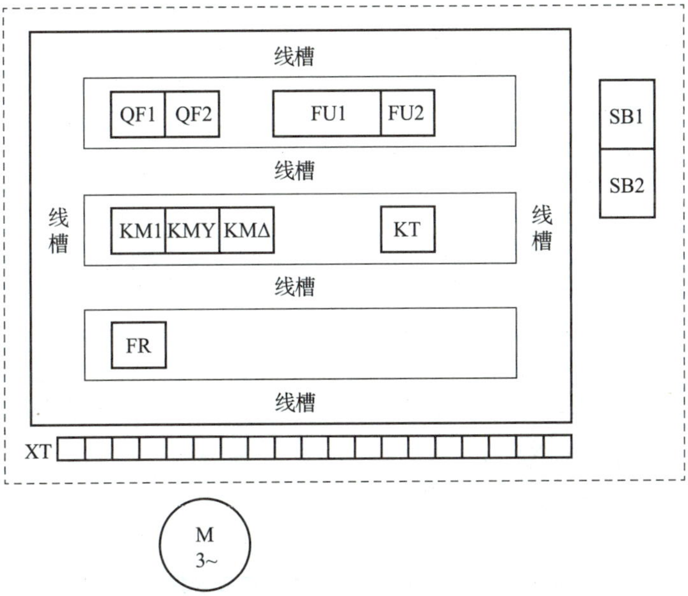


图 2－23　星三角降压启动的电器布置图

**3. 电气安装接线图**

电气安装接线图是根据电气设备与电器元件的实际位置和安装情况绘制的，只用来表示电气设备与电器元件的位置、配线方式和接线方式，而不明显表示电气动作原理，主要用于安装接线、线路的检查维修和故障处理。

绘制、识读电气安装接线图应遵循以下原则：

（1）电气安装接线图中一般示出以下内容：电气设备和电器元件的相对位置、文字符号、端子号、导线号、导线类型、导线截面积、屏蔽和导线绞合等。

（2）所有的电气设备和电器元件都按其所在的实际位置绘制在图纸上，且同一电器的各元件根据其实际结构，使用与电气原理图相同的图形符号画在一起，并用点画线框上，其文字符号以及接线端子的编号应与电气原理图中的标注一致，以便对照检查接线。

（3）电气安装接线图中的导线有单根导线、导线组（或线扎）、电缆等之分，可用连续线和中断线来表示。凡导线走向相同的可以合并，用线束来表示，到达接线端子板或电器元件的连接点时再分别画出。在用线束来表示导线组、电缆等时可用加粗的线条表示，在不引起误解的情况下也可采用部分加粗。另外，导线及管子的型号、根数和规格应标注清楚。星三角降压启动的电气安装接线图如图2-24所示。

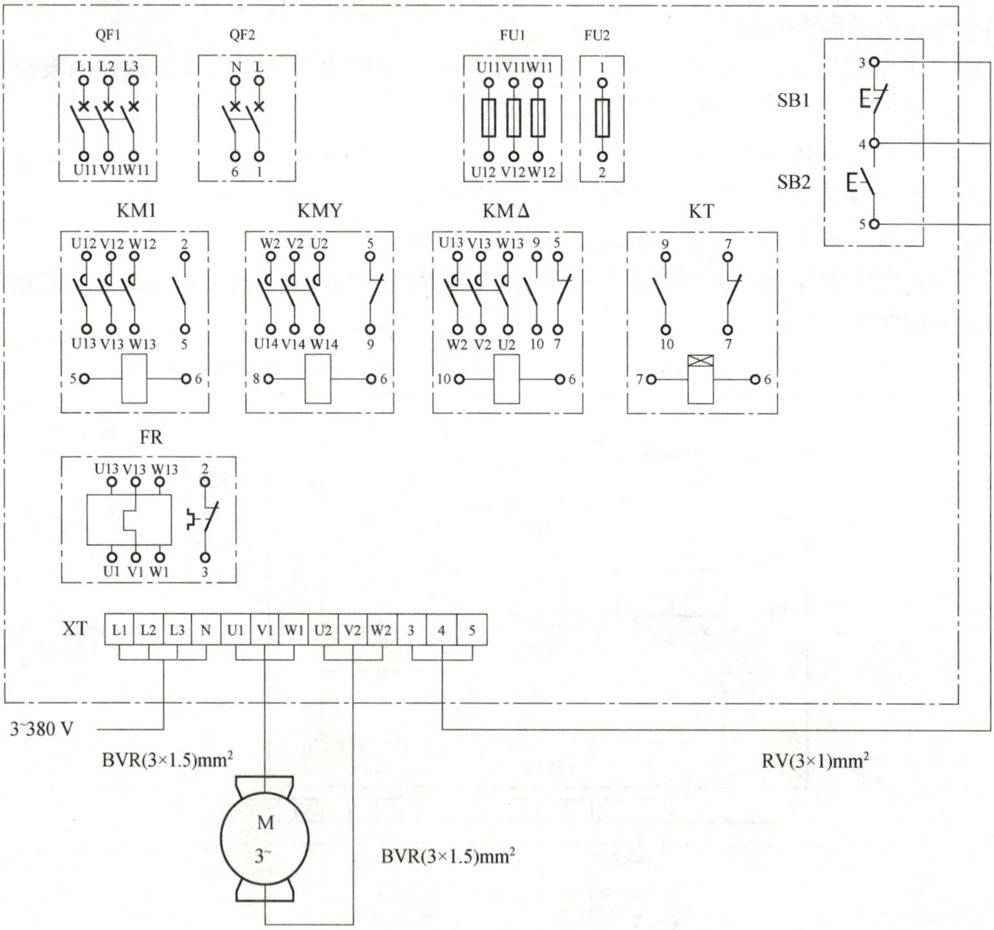


图2-24　星三角降压启动的电气安装接线图

## 五、导线选用

导线的选用必须依据一定的原则：给设备配线重在考虑导线的安全载流量（为了保证导线长时间连续运行所允许的电流密度），远距离送电重在测算线路允许的电压降，并且两者都要兼顾导体材料的机械强度。

**1. 线芯材料的选用**

作为线芯的金属材料，必须同时具备的特点是：电阻率较低；有足够的机械强度；在一般情况下有较好的耐腐蚀性；容易进行各种形式的机械加工，价格较便宜。铜和铝基本符合这些特点，因此，常用铜或铝作为导线的线芯。铜导线的电阻率比铝导线小，焊接性能和机械强度比铝导线好，因此它常用于要求较高的场合。设备配线和室内照明线路主要用铜导线。铝导线密度比铜导线小，而且资源丰富，价格较铜低廉，宜作远距离传输导线。

**2. 导线截面的选择**

国标规定的导线截面积系列：1 mm$^2$，1.5 mm$^2$，2.5 mm$^2$，4 mm$^2$，6 mm$^2$，10 mm$^2$，16 mm$^2$，25 mm$^2$，35 mm$^2$，50 mm$^2$，70 mm$^2$，95 mm$^2$，120 mm$^2$ 等。

以设备配线为例，根据负载计算出来的电流必须小于导线的安全载流量。与负载相对应的电流计算如表 2-1 所示。

表 2-1　负载电流计算数据

| 负载类型 | 功率因数 | 计算公式 | 每 kW 电流量/A |
|---|---|---|---|
| 电灯电阻 | 1 | 单相：$I_P = P / U_P$<br>三相：$I_L = P / \sqrt{3}U_L$ | 4.5<br>1.5 |
| 荧光灯 | 0.5 | 单相：$I_P = P / (U_P \times 0.5)$<br>三相：$I_L = P / (\sqrt{3}U_L \times 0.5)$ | 9<br>3 |
| 单相电动机 | 0.75 | $I_P = P / [U_P \times 0.75 \times 0.75$（效率）$]$ | 8 |
| 三相电动机 | 0.85 | $I_L = P / [\sqrt{3}U_L \times 0.85 \times 0.85$（效率）$]$ | 2 |
| 注：公式中，$I_P$、$U_P$分别为相电流、相电压；$I_L$、$U_L$ 分别为线电流、线电压。 | | | |

导线安全载流量的具体数据可查《电工手册》，实际应用中可根据口诀估算："二点五下乘以九，往上减一顺号走。三十五乘三点五，双双成组减点五。条件有变加折算，高温九折铜升级。穿管根数二三四，八七六折满载流"。

根据口诀估算的铝芯绝缘导线载流量与截面积的倍数关系如表 2-2 所示。

表 2-2　铝芯绝缘导线载流量与截面积的倍数关系

| 导线截面积/mm$^2$ | 1 | 1.5 | 2.5 | 4 | 6 | 10 | 16 | 25 | 35 | 50 | 70 | 95 | 120 |
|---|---|---|---|---|---|---|---|---|---|---|---|---|---|
| 载流是截面的倍数 | 9 | 8 | 7 | 6 | 5 | 4 | 3.5 | 3 | 2.5 | | | | |
| 载流量/A | 9 | 14 | 23 | 32 | 42 | 60 | 80 | 100 | 123 | 150 | 210 | 238 | 300 |

根据表 2-1 和表 2-2，本项目中三相交流异步电动机控制的主电路相线（三相三线制）及相线和中线（三相四线制）一般选用 1 mm$^2$ 的导线，地线一般选用 2.5 mm$^2$ 的导线，控制电路选用 0.75 mm$^2$ 或 1 mm$^2$ 的导线。

**3. 导线颜色的选用**

国标规定，三相交流电中，A 相为黄色，B 相为绿色，C 相为红色，中性线（即零线）

为黑色或淡蓝色，保护中性线（地线）为黄绿双色。在三相交流异步电动机的控制电路中，一般选用蓝色线。如图 2-25 所示。

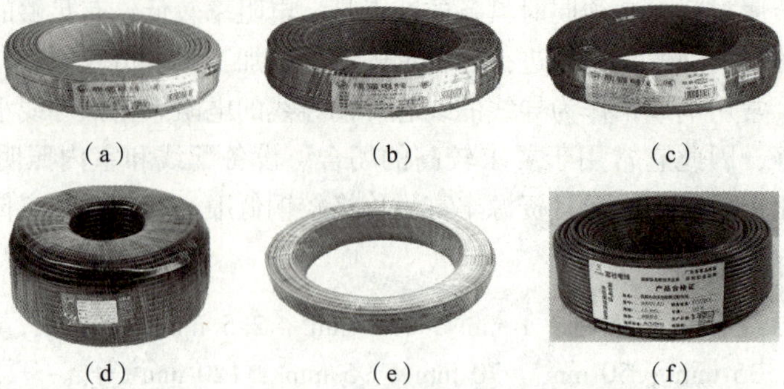


图 2-25　三相交流电的导线颜色

(a) 黄色导线；(b) 绿色导线；(c) 红色导线；
(d) 黑色导线；(e) 黄绿双色线；(f) 蓝色导线

**4. 常用导线举例**

实际应用中最常见的导线类型是 BV 和 RV。BV 是铜芯聚氯乙烯绝缘电线，简称塑铜线，适用于交流电压 450/750 V 及以下的动力装置、日用电器、仪表及电信设备用的电缆电线，是我们日常生活中接触最多的一种线。其中，B 代表类别，连接用布电线；V 代表绝缘类型，聚氯乙烯。RV 是铜芯聚氯乙烯绝缘连接软电线，适合要求较为严格的柔性安装场所，如电控柜、配电箱及各种低压电气设备，可用于电力、电气控制信号及开关信号的传输。其中，R 代表类别，连接用软电线；V 代表绝缘类型，聚氯乙烯。

以 2.5 $mm^2$ 导线为例：BV 有两种，即 1 根直径为 1.78 mm 的导线和 7 根直径为 0.68 mm 的导线；BVR 是 19 根直径为 0.41 mm 的导线；RV 是 49 根直径为 0.25 mm 的导线。

## 六、接线规则

接线过程中必须遵循一定的原则：

(1) 严格按照电气原理图接线。

(2) 导线要严格按照国标选择合适的颜色和线径。

(3) 先接主电路，再接控制电路。

(4) 接线时遵循“上进下出、左进右出”的原则。

(5) 导线要保证牢固可靠：

①不能“压皮”，即接线端螺丝不能压在导线绝缘层，否则会造成虚接；

②不能露铜过长，即铜丝露在接线端外部的长度要严格控制，最好在 1 mm 以内，不得超过 3 mm，否则会发生相间短路、触电等危险；

③必须压紧，螺丝拧紧后，用手轻轻地拽一拽导线，不能脱落，导线压不紧将导致接触不良，为电路调试过程中的故障排除带来极大困难。

(6) 同一接点处的导线不能超过 2 根。

接线的步骤如表 2-3 所示。

表 2-3　接线步骤

| 步骤序号 | 图示 | 具体操作 |
| --- | --- | --- |
| 1 | 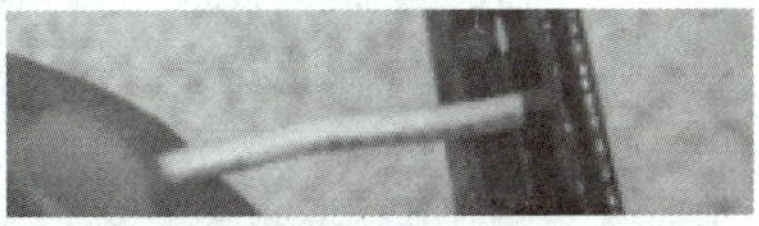 | 按测量所需导线长度剪切导线 |
| 2 |  | 选择剥线钳上合适的挡位剥线 |
| 3 | 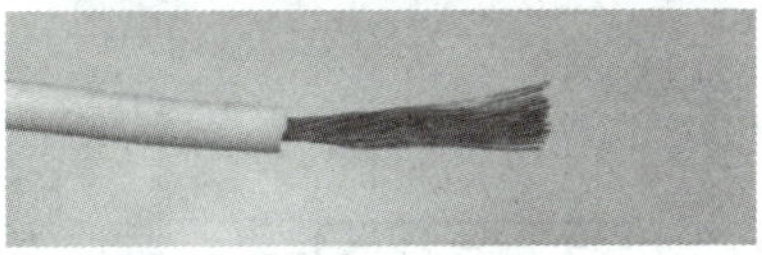 | 剥出 8～10 mm 的铜丝 |
| 4 | 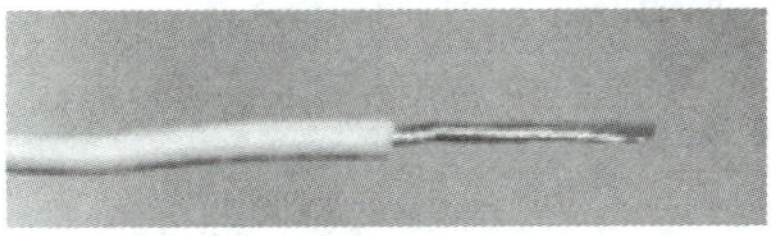 | 多股铜丝拧成一股 |
| 5 | 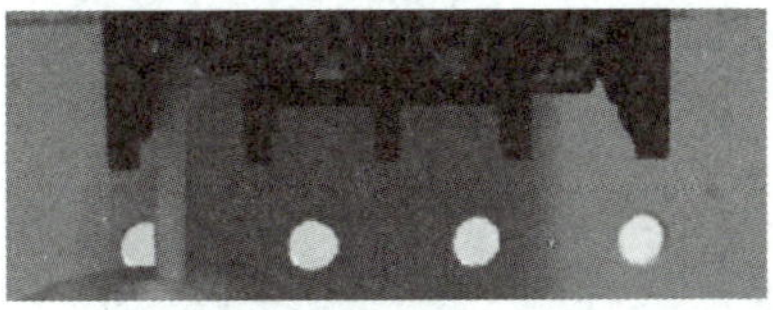 | 松开接线端螺丝，插线 |
| 6 |  | 拧紧接线端螺丝，压线 |
| 7 |  | 最终效果 |

## 任务二　电动机连续运行控制安装与调试

### ■ 任务资讯

#### 一、热继电器

电动机的实际使用功率超过电动机铭牌上的额定功率，这种现象称为电动机过载。若电动机过载不大、时间较短，则电动机绕组不会超过允许温升，这种过载是允许的。但若过载时间长、过载电流大，电动机绕组的温升就会超过允许值，使电动机绕组绝缘老化，缩短电动机的使用寿命，严重时甚至会使电动机绕组烧毁。所以，这种过载是电动机所不能承受的。

热继电器就是利用电流的热效应原理，在出现电动机不能承受的过载电流时切断电动机电路，为电动机提供过载保护的电器。热继电器可以根据过载电流的大小自动调整动作时间，具有反时限保护特性，即过载电流大、动作时间短，过载电流小、动作时间长。当电动机的工作电流为额定电流时，热继电器长期不动作。

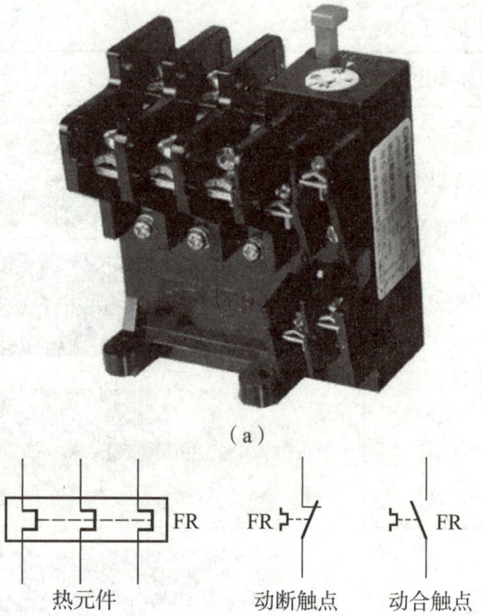


（a）

（b）

图 2-26　热继电器

（a）热继电器的外形结构；（b）热继电器的图形符号

**1. 热继电器的外形结构及符号**

热继电器的外形结构如图 2-26（a）所示，图 2-26（b）所示为热继电器的图形符号，其文字符号为 FR。

**2. 热继电器的动作原理**

热继电器的动作原理如图 2-27 所示。

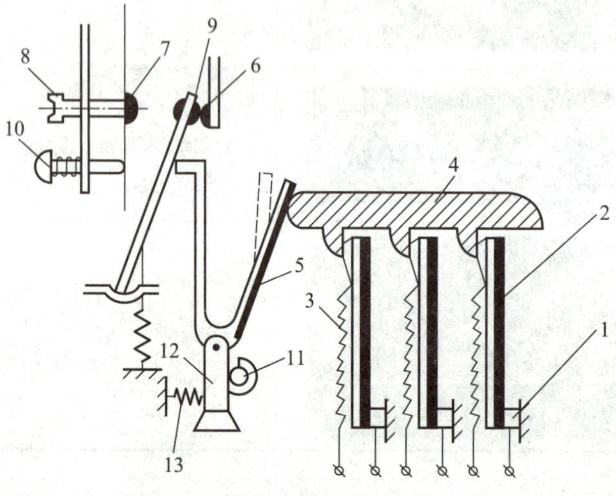


图 2-27　热继电器动作原理示意图

1—推杆；2—主双金属片；3—加热元件；4—导板；5—补偿双金属片；6，7—静触点；8—复位调节螺钉；9—动触点；10—复位按钮；11—调节旋钮；12—支撑件；13—弹簧

使用时，将热继电器的三相热元件分别串接在电动机的三相主电路中，动断触点串接在控制电路的接触器线圈回路中。当电动机过载时，流过电阻丝（热元件）的电流增大，电阻丝产生的热量使金属片弯曲，经过一定时间后，弯曲位移增大，推动导板移动，使其动断触点断开，动合触点闭合，使接触器线圈断电，接触器触点断开，切除电动机电源，起过载保护作用。

### 3. 热继电器的型号含义

JR16、JR20 系列是目前广泛应用的热继电器，其型号含义如下：

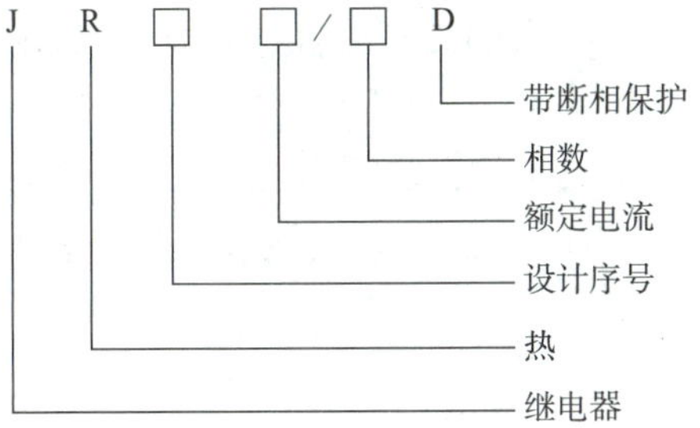


例如：JR16-60/3D，JR—热继电器，16—设计序号，60—额定电流 60A，3—三相，D—带断相保护。

### 4. 热继电器的选用

选用热继电器主要考虑的因素有：额定电流或热元件的整定电流应大于被保护电路或设备的正常工作电流。作为电动机保护时，要考虑其型号、规格和特性、正常启动时的启动时间和启动电流、负载的性质等。在接线上对星形连接的电动机，可选两相或三相结构的热继电器；对三角形连接的电动机，应选择带断相保护的热继电器。所选用的热继电器的整定电流通常与电动机的额定电流相等。

总之，选用热继电器要注意下列几点：

（1）先由电动机额定电流计算出热元件的电流范围，然后选择型号及电流等级。例如：电动机额定电流 $I_N$ =14.7A，则可选 JR0-40 型热继电器，因其热元件电流 $I_R$ =16 A，故工作时将热元件的动作电流整定在 14.7 A。

（2）要根据热继电器与电动机的安装条件和环境的不同，将热元件的电流做适当调整。如高温场合，热源间的电流应放大 1.05～1.20 倍。

（3）设计成套电气装置时，热继电器应尽量远离发热电器。

（4）通过热继电器的电流与整定电流之比称为整定电流倍数。其值越大、发热越快，动作时间越短。

（5）对于点动、重载启动、频繁正反转及带反接制动等运行的电动机，一般不用热继电器作过载保护。

## 二、剥线钳

剥线钳是专门用于剥削导线绝缘层的工具，主要由钳头和钳柄组成，钳柄带有绝缘层，耐压为500 V，钳口有多个 0.5～3 mm 孔径的刃口。其外形与结构如图 2-28 所示。

使用要点：要根据导线直径，选用剥线钳刃口的孔径。

（1）根据电线的粗细型号，选择相应的剥线钳

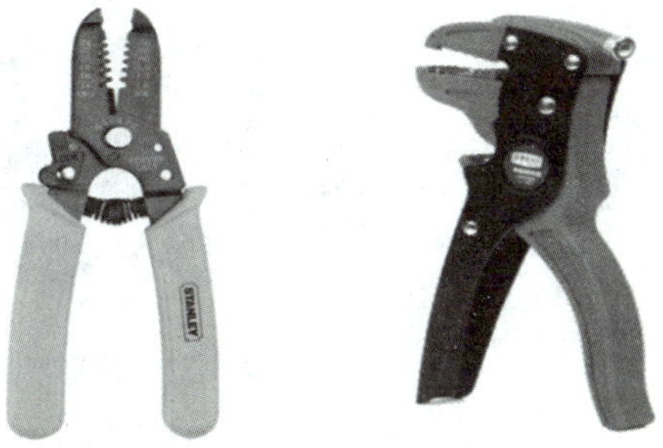

图 2-28　剥线钳的外形与结构

刃口，如 0.5 $mm^2$、0.75 $mm^2$、1 $mm^2$、1.5 $mm^2$、2.5 $mm^2$，导线对应的导线直径分别是 0.8 mm、0.98 mm、1.13 mm、1.38 mm、1.78 mm。关键是线径和刃口要适配，刃口太大会导致剥不开绝缘层，太小会导致剪断内部导线。

（2）将准备好的电线放在剥线钳的刀刃中间，选择好要剥线的长度。一般要剥开的导线长度为 8～10 mm。

（3）握住剥线钳手柄，将电线夹住，缓缓用力使电线外表皮慢慢剥落。

（4）松开剥线钳手柄，取出电线，这时电线金属整齐露出外面，其余绝缘塑料完好无损。

## 三、压线钳

### 1. 冷压端子

冷压端子又称绝缘端子、接线端子、线鼻子等，是用于实现电气连接的一种配件产品，工业上将其划分为连接器的范畴。一般来讲，除了单股硬线，其他的导线在连接前都要套上冷压端子，特别是多股软线。使用接线端子的主要目的是便于接线，将多股电线集中在一起，可降低接头处的接触电阻，并且牢固可靠。

常用的针形冷压端子如图 2-29 所示。

选用冷压端子必须与连接导线的截面积相匹配。例如常用的针形冷压端子 E0508、E7508、E1010、E1508、E2512 等。E 表示针形冷压端子；后面两位数字是指导线的截面积，分别有 0.5 $mm^2$、0.75 $mm^2$、1 $mm^2$、1.5 $mm^2$、2.5 $mm^2$；最后两位数字是指冷压端子露出的导电部分长度，单位为 mm。

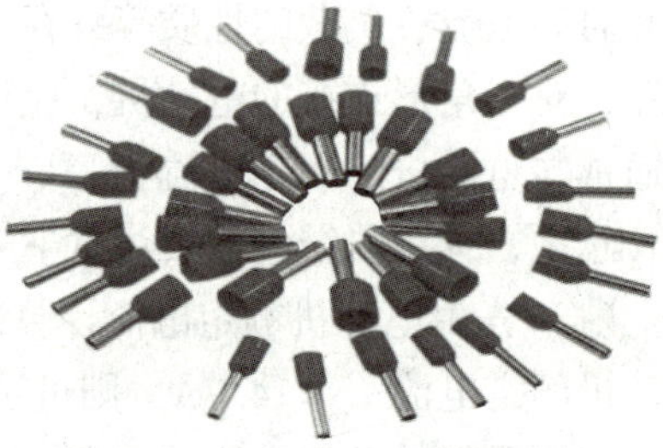

图 2-29　针形冷压端子

有时还用到双线针形冷压端子，例如 TE0508、TE7508、TE1010、TE1508、TE2510 等。TE 表示双线针形冷压端子，即一个端子中可以插入两根相同截面积的导线；后面的数字含义与上述相同。双线针形冷压端子如图 2-30 所示。

### 2. 压线钳的操作

压线钳是用来压接导线线头与冷压端子，从而实现两者可靠连接的一种冷压模工具。常用的压线钳如图 2-31 所示。

图 2-30　双线针形冷压端子

图 2-31　压线钳

导线的压接过程：

（1）将剥去绝缘层的导线端头插入冷压端子的孔内（遇到阻力为止）；

(2) 将压线钳手柄压合到底，并保持几秒；

(3) 用剥线钳的刃口剪掉冷压端子头部露出的多余导线。

操作时的注意事项：

(1) 导线和冷压端子的规格必须相符；

(2) 压接部位在冷压端子的金属部分，压接部位要正确；

(3) 压线钳手柄要完全压到底；

(4) 被压裸线的长度要超过压痕的长度。

## 四、电气原理图分析

电动机连续运行电路

电动机连续运行控制电路如图 2-32 所示。

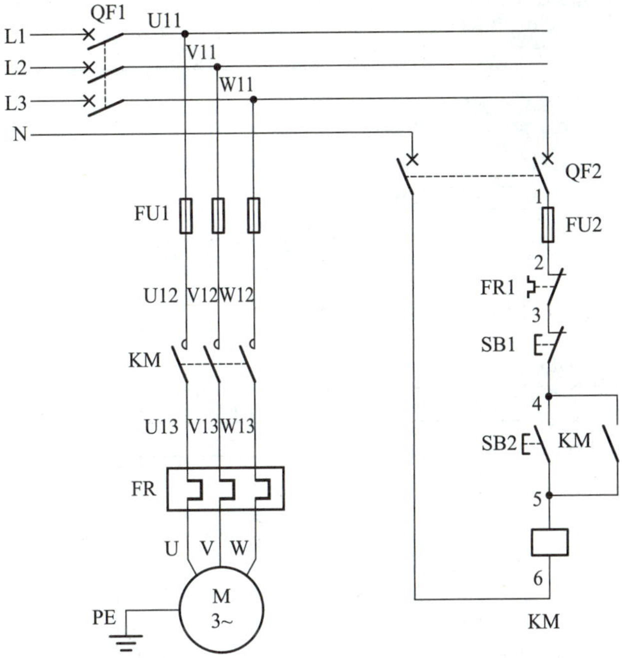


图 2-32 电动机连续运行控制电路

分析过程如下：

(1) 首先观察主电路，确定电动机与接触器的对应关系。电动机 M 由接触器 KM 控制。

(2) 观察控制电路，排除电路保护电器，包括熔断器、热继电器和空气断路器等，分析剩下的接触器及按钮所构成的控制线路。具体是图 2-31 中的接触器 KM 及按钮 SB1 和 SB2。

(3) 分析线圈所在支路。图 2-32 中只有一个线圈 KM，按下常开按钮 SB2，KM 线圈得电，其主触点和辅助常开触点闭合，KM 自锁，电动机 M 转动；按下常闭按钮 SB1，KM 线圈失电，其主触点和辅助常开触点复位（断开），电动机 M 停止。

(4) 根据分析，总结各按钮及接触器触点对电动机的控制功能。按下 SB2，电动机 M 转动，SB2 为启动按钮；KM 辅助常开触点与 SB2 并联，起自锁功能；按下 SB1，电动机 M 停止，SB1 为停止按钮。

（5）最后得出结论，即电路的功能——连续运行控制。

由空气断路器、接触器、热继电器、熔断器、按钮、负载等构成的常见低压电器接线示意图如图 2-33 所示。

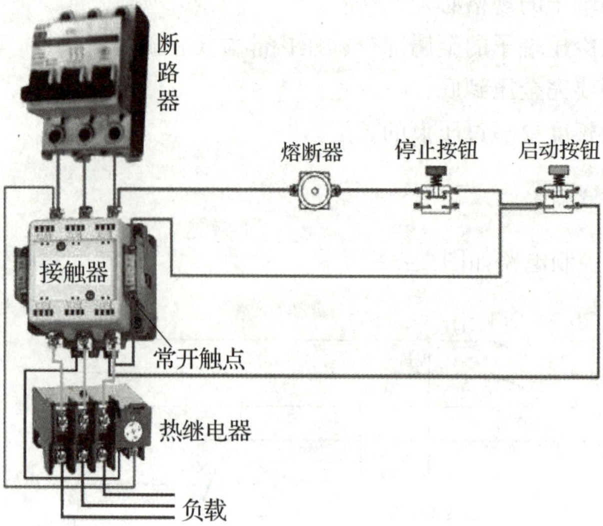


图 2-33　低压电器接线示意图

电动机点动和连续运行控制电路如图 2-34 所示。

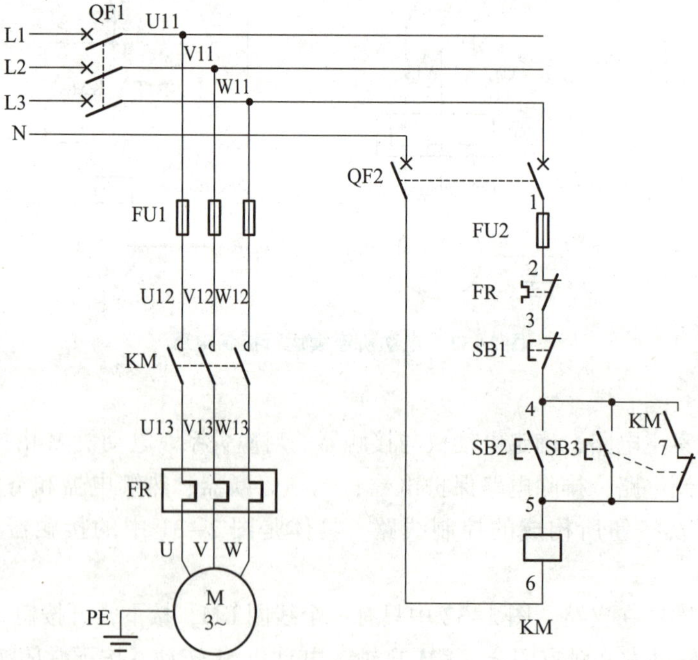


图 2-34　电动机点动和连续运行控制电路

由点动控制电路和连续运行控制电路得出，图 2-34 中 SB2 为连续运行控制按钮，SB3 为点动控制按钮，SB1 为停止按钮。

# 项目三

## 三相异步电动机正反转控制线路的安装与调试

### 项目介绍

连续运行控制电路只能使电动机朝一个方向旋转，并带动生产机械的运动部件朝一个方向运动。但许多生产机械往往要求运动部件能向两个互为相反的方向运动，如机床工作台的前进与后退、万能铣床主轴的正转与反转、起重机的上升与下降等，这些生产机械要求电动机能实现正反转控制。电动机正反转的实现方式有很多种，本项目中主要介绍3种类型：按钮开关和交流接触器，行程开关和交流接触器，时间继电器和交流接触器。

铣床

本项目要求同学们明确控制要求，并能对电气原理图进行设计，最终根据电气原理图进行安装与调试。通过本项目的学习，希望能有以下收获。

### 学有所获

| 序号 | 学习效果 | 知识目标 | 能力目标 |
|---|---|---|---|
| 1 | 掌握电动机正反转的控制原理 | √ | |
| 2 | 掌握电动机正反转控制电气图的分析与设计 | √ | |

续表

| 序号 | 学习效果 | 知识目标 | 能力目标 |
|---|---|---|---|
| 3 | 掌握行程开关的接线技巧 | √ | |
| 4 | 掌握时间继电器的接线技巧 | √ | |
| 5 | 熟悉常用电工工具的使用规范 | √ | |
| 6 | 能熟练使用常用的电工工具 | | √ |
| 7 | 能熟练对电动机的正反转进行分析、设计、安装与调试 | | √ |
| 8 | 能快速排除电动机正反转控制电路接线中出现的故障 | | √ |

## 任务一　双重互锁电动机正反转控制电路的安装与调试

### ■ 任务资讯

### 一、自锁与互锁

**1. 自锁**

控制电路中实现自锁的电气原理图如图 3-1 所示。

按下启动按钮 SB2 后，接触器 KM 线圈通电，接触器 KM 辅助常开触点 KM 闭合；当启动按钮 SB2 松开后，接触器 KM 的线圈通过其辅助常开触点 KM 的闭合仍继续保持通电。这种依靠接触器自身辅助常开触点的闭合而使线圈保持通电的控制方式，称为自锁或自保。起到自锁作用的辅助常开触点称为自锁触点。

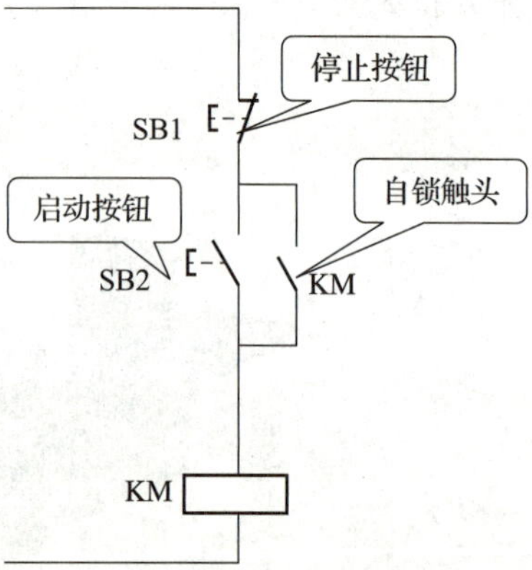


图 3-1　自锁电气原理图

自锁的作用主要体现在以下两个方面：

（1）欠压保护：当电源电压由于某种原因下降时，电动机的转矩将显著降低，影响电动机正常运行，严重时会引起“堵转”现象，以致损坏电动机。采用接触器自锁控制电路就可避免上述故障，因为当电源电压低于接触器线圈额定电压的 85% 时，接触器电磁系统所产生的电磁力克服不了弹簧的反作用力，因而释放，主触点打开，自动切断主电路，从而达到欠压保护的作用。

（2）失压保护：电动机启动后，由于外界原因突然断电，但随后又恢复供电，在这种情况下，自锁触点因断电而断开，控制电路不会自行接通，电动机不会自行启动，必须重新发令（按启动按钮）才能重新启动，这样可避免事故的发生，起到失压保护的作用。

**2. 互锁**

利用两个或多个常闭触点去控制对方的线圈回路，保证回路中线圈不会同时通电的功能称为“互锁”。目的是限制互锁的电器，使其不能同时动作，从而避免危险工况的出现。

1）电气互锁

如图 3-2 所示，将自身接触器的辅助常闭触点串入对方接触器线圈回路中，则自身接触器线圈回路通电前先切断对方接触器的线圈回路（辅助常闭触点先断开），然后才接通自身的线圈回路（辅助常开触点后闭合）。这样，即使按下相反方向（对方）的启动按钮，另一个接触器也无法通电，这种利用两个接触器的辅助常闭触点互相控制的方式，称为电气互锁、电气联锁或接触器互锁。起互锁作用的辅助常闭触点叫互锁触点。

2）机械互锁

如图 3-3 所示，复合按钮有常开触点和常闭触点，将常开触点作为启动按钮，而将常闭触点串接在对方接触器的线圈回路中，这样，任一时刻按下复合按钮，在接通己方接触器线圈回路之前，先使对方接触器线圈回路断电（常闭触点先断开），然后才接通自身所控制的接触器线圈回路（常开触点后闭合）。这样，即使按下相反方向（对方）的复合按钮，另一个接触器也无法通电，这种利用两个复合按钮的常闭触点互相控制的方式，称为机械互锁、机械联锁或按钮互锁。起互锁作用的常闭触点叫互锁触点。

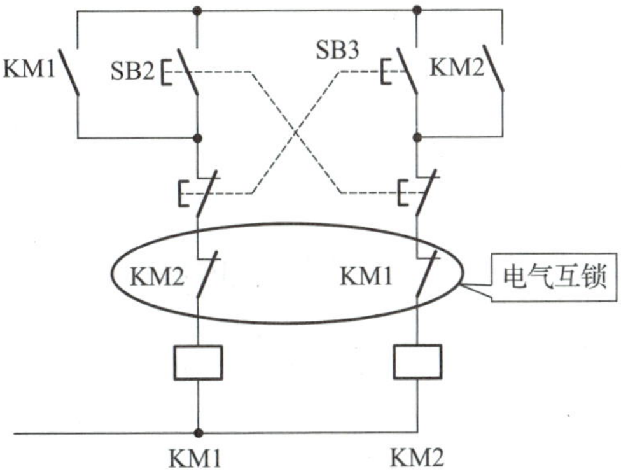


图 3-2　电气互锁原理图

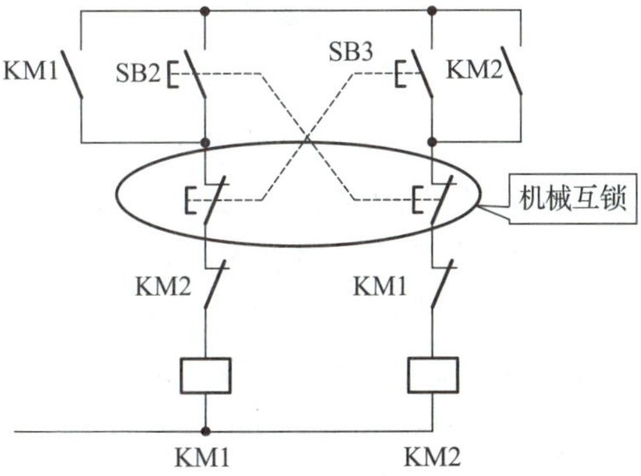


图 3-3　机械互锁原理图

若线路中既有电气互锁，又有机械互锁，则称为双重互锁。该线路操作方便，安全可靠，得到了广泛应用。

## 二、端子排

### 1. 端子排的组成及作用

一个导电片加一个绝缘片即组成一个端子，如图 3-4 所示。

图 3-4　端子

许多端子组合在一起构成端子排，它其实就是一段封在绝缘塑料里面的金属片，两端所有孔均可以插入导线，有螺丝用于紧固或者松开，如图 3-5 所示。

图 3-5　端子排

端子排的一个接线位就是 1“位”或 1“节”，按数量分有 2 位、3 位、4 位、6 位、12 位等，按容量分有 10 A、20 A、40 A 等。

端子排的作用就是将屏内（柜内）设备和屏外（柜外）设备的线路相连接，起到信号（电流电压）传输的作用。其主要体现在：

（1）接线施工方便，如在安装配电柜时，柜门上的信号灯或仪表都要接到端子排上。

（2）维修测量方便，发生故障时查线方便。

（3）节点扩展方便，特别适用于电源信号的节点扩展。

**2. 端子排的接线方式**

端子排中的端子按接线方式分为压接端子、插接端子和快接端子（弹簧式接线端子）。

压接端子：导线需要做压接端头（如铜、铝鼻子），再用螺丝或螺栓拧压在端子上，一般是通过电流较大的端子，确保连接可靠。

插接端子：将导线绝缘剥去一段，可将导体直接插入端子孔内，最好套上冷压端子后再插入端子孔内，再用端子自带螺丝拧紧，适用于通过电流在几十安培以下的端子。

快接端子（弹簧端子）：只要将导线绝缘剥去一段，将导体插入端子孔内就会自动锁住，完成接线。

**3. 端子排的接线注意事项**

（1）同一接线端子允许最多接两根相同类型及规格的导线；

（2）单芯硬线的线头要以“?”形接到端子，以增加接触面积及防止松动；

（3）多股线芯的线头应先进一步绞紧，然后再与接线端子连接；

（4）线头与接线端子必须连接得牢固可靠，尽量减少接触电阻。

**4. 端子排的常用型号**

端子排的文字符号为 XT，最常用的为 TB 系列和 TD 系列。TB 是固定式螺钉端子排，例如 TB1512，15：额定电流为 15 A；12：端子排共 12 位。TD 是导轨式组合端子排，例如 TD1510，15：额定电流为 15 A；10：端子排共 10 位。

## 三、线号管与线号机

### 1. 电气图的线号标识规则

采用电路编号法，即对电路中的各个接点用字母或数字编号。

1）主电路的线号标识规则

主电路在电源开关的出线端按相序依次编号为 U11、V11、W11，然后按从上至下、从左至右的顺序，每经过一个电器元件后，编号要递增，如 U12、V12、W12，U13、V13、W13…。单台三相交流电动机（或设备）的三根引出线按相序依次编号为 U、V、W。对于多台电动机引出线的编号，为了不致引起误解和混淆，可用数字加字母来区分，如 1U、IV、lW，2U、2V、2W。

2）辅助电路的线号标识规则

按照电路的布局要求，辅助电路按竖直方向布置，从左到右依次为控制电路、照明电路、指示电路等。

辅助电路编号按“等电位”原则从上至下、从左至右的顺序用数字依次编号，每经过一个电器元件后，编号要依次递增。控制电路编号的起始数字必须是 1，其他辅助电路编号的起始数字依次递增 100，即照明电路编号从 101 开始、指示电路编号从 201 开始等。

### 2. 线号管

线号管是指用于配线标识的套管，管壁内侧有梅花状内齿，故又称为梅花管。内齿的主要作用是调整由于导线直径的偏差而引起的松动，线号管的材质一般为 PVC，如图 3-6 所示。

常用线号机在线号管上打印线号，用于配线标识，以便于接线、调试与维修。线号管的使用注意事项如下：

（1）同一根导线的两端必须都套管，并且线号相同；

（2）控制电路中“等电位”的导线线号必须相同；

图 3-6 线号管

（3）线号管上的线号必须字头向上或字头向左，并且有打印文字的部分朝外。

常用的是白色 PVC 内齿圆套管，常用规格为 0.5 $mm^2$、0.75 $mm^2$、1.0 $mm^2$、1.5 $mm^2$、2.5 $mm^2$、4.0 $mm^2$、6.0 $mm^2$，其规格与电线规格相匹配，如 1.5 $mm^2$ 电线应选用 1.5 $mm^2$ 线号管。

### 3. 线号机的操作

线号机是用来打印接线号码管、字码套管、PVC 套管、热缩套管标识和标签贴纸的设备。目前市场上比较受欢迎的国产品牌有标映、硕方等。常用的标映线号机如图 3-7 所示。

S650 线号机的使用

图 3-7　标映线号机

1）线号管及色带的安装

具体操作步骤：上电→拨动按钮→掀开上盖→安装色带→安装线管→盖好上盖→操作完成，如图 3-8 所示。

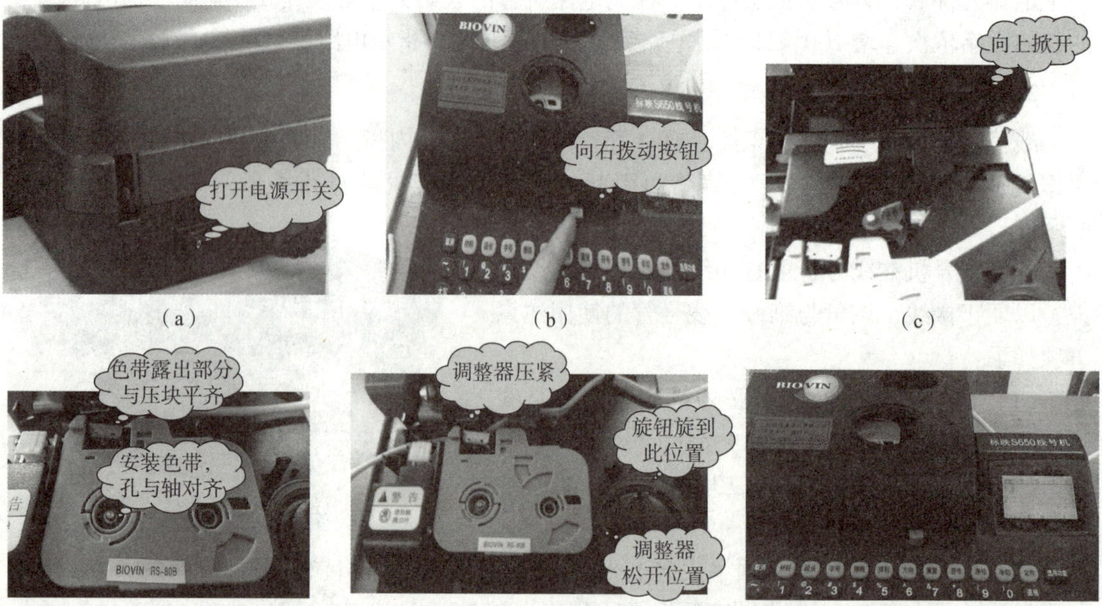


（a）　（b）　（c）

（d）　（e）　（f）

图 3-8　标映线号机的安装步骤

（a）上电；（b）拨动按钮；（c）掀开上盖；（d）安装色带；（e）安装线管；（f）盖好上盖

2）打印参数设置

将线号管和色带安装完毕后，还要对线号管的打印参数进行设置，主要有段长、字号、修饰、重复和半切等。

1 $mm^2$ 导线的常用设置参数是："段长"输入"20"，"字号"选"3"，"修饰"选"无"，"重复"根据需要设定，半切；1.5 $mm^2$ 导线的常用设置参数是："段长"输入

"20"，"字号" 选 "4"，"修饰" 选 "无"，"重复" 根据需要设定，半切。

3）输入打印

将需要打印的线号通过线号机键盘输入，并根据需要设置打印的套数，最后按"打印"键，线号机就会开始打印。

4）裁切取用

打印完成后，不能将打印好的信号管从出口强力拉出，要按下出口上方的"剪切"键，切断后取出，否则会影响打印效果或损坏线号机。

## 四、接线规范

### 1. 接线前规范

1）图纸准备

电气原理图、电气元件布置图、电气安装接线图。

2）导线准备

1 $mm^2$ 的黄、绿、红、黑、蓝色线，2.5 $mm^2$ 的黄绿双色线等，如图 3-9 所示。

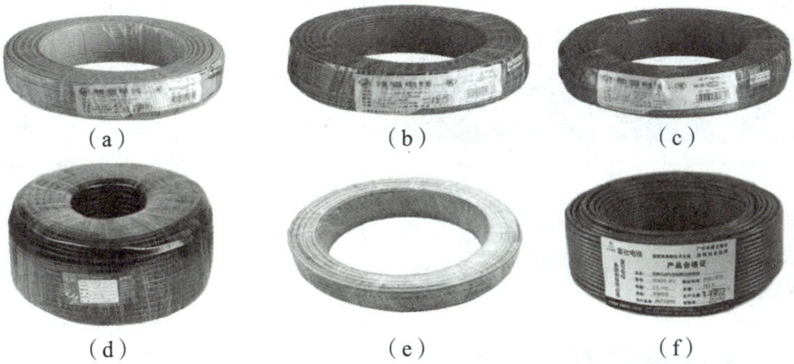


图 3-9　导线

（a）黄色导线；（b）绿色导线；（c）红色导线；（d）黑色导线；（e）黄绿双色线；（f）蓝色导线

3）接线工具及仪表准备（见图 3-10）

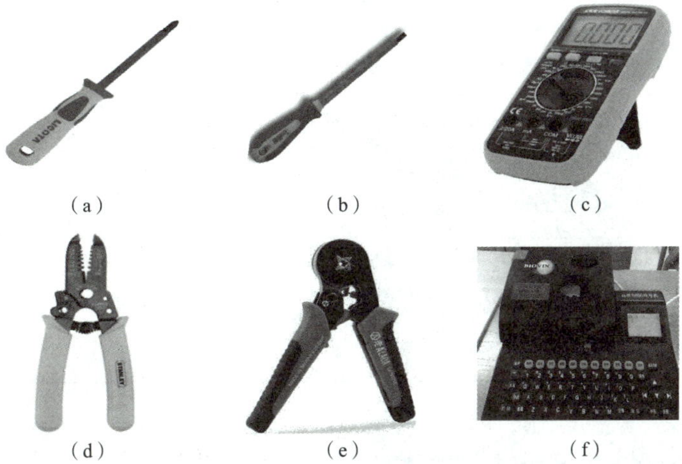


图 3-10　接线工具及仪表

（a）一字型螺丝刀；（b）十字型螺丝刀；（c）万用表；（d）剥线钳；（e）压线钳；（f）线号机

4）辅助材料准备（见图 3-11）

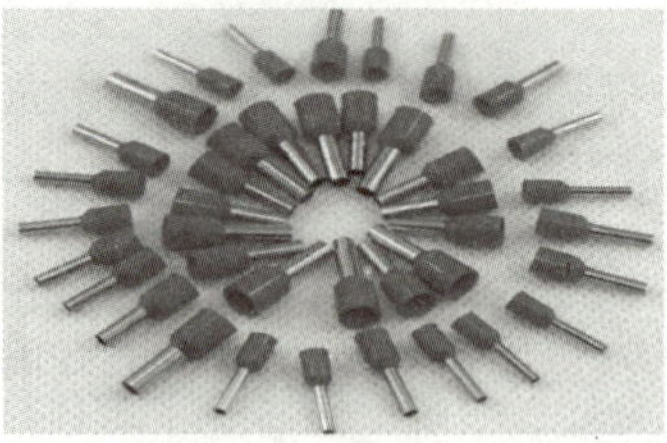

（a）

（b）

图 3-11　辅助材料

（a）针形冷压端子（根据线径选择）；（b）线号管（根据线径选择）

接线规范

## 2. 接线中规范

接线的步骤及规范见表 3-1。

表 3-1　接线的步骤及规范

| 步骤序号 | 图示 | 具体操作 |
|---|---|---|
| 1 | 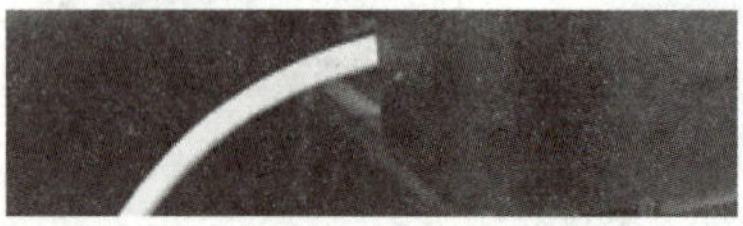 | 根据电气原理图打印所需线号 |
| 2 |  | 测量所需导线长度，剪切导线 |
| 3 | 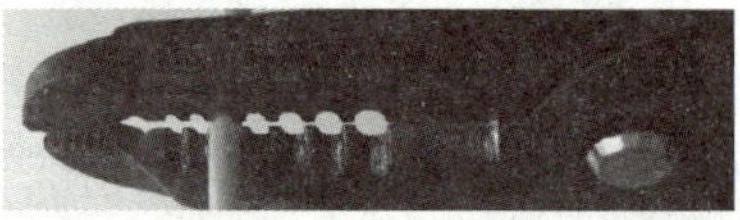 | 选择剥线钳上合适的挡位剥线 |
| 4 | 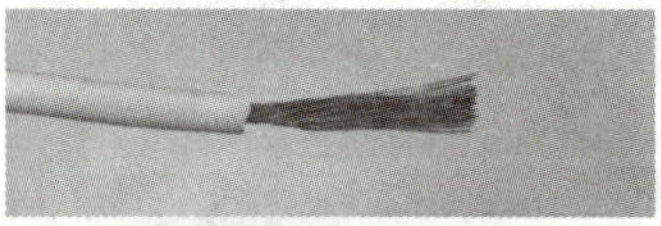 | 剥出 8～10 mm 的铜丝 |
| 5 | 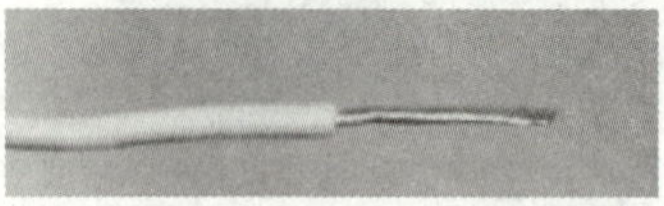 | 多股铜丝拧成一股 |
| 6 | 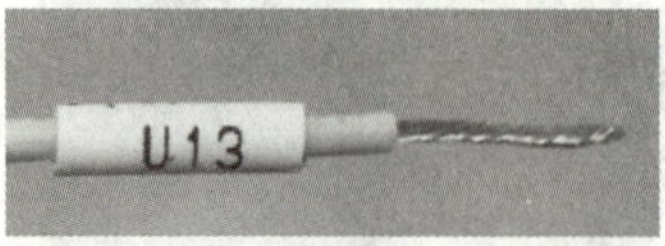  | 套上线号管 |
| 7 | 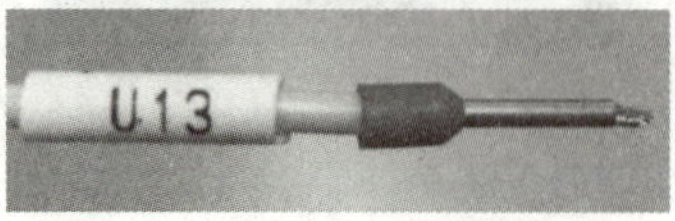  | 套上合适的冷压端子 |

续表

| 步骤序号 | 图示 | 具体操作 |
|---|---|---|
| 8 | 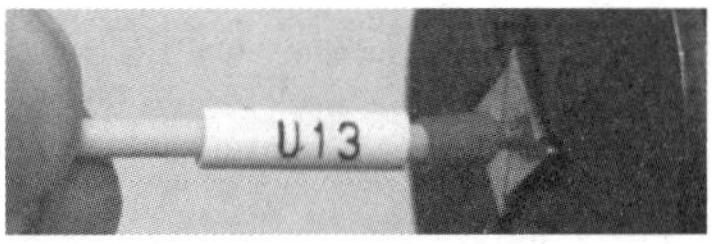 | 用压线钳压端子 |
| 9 | 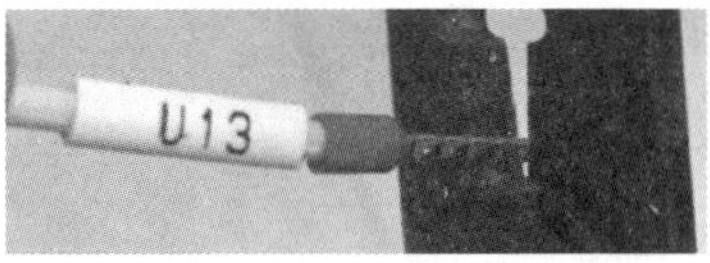 | 剪去冷压端子头部多余导线 |
| 10 | 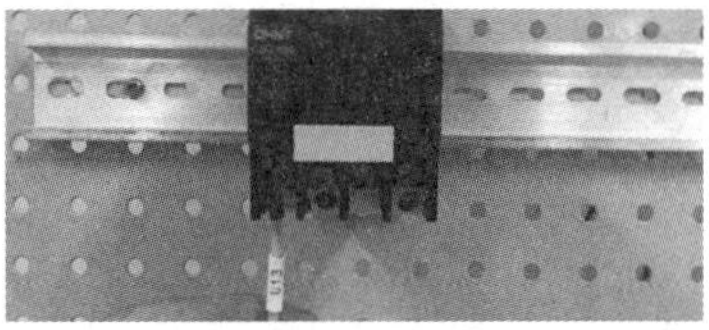 | 松开接线端螺丝，插冷压端子 |
| 11 | 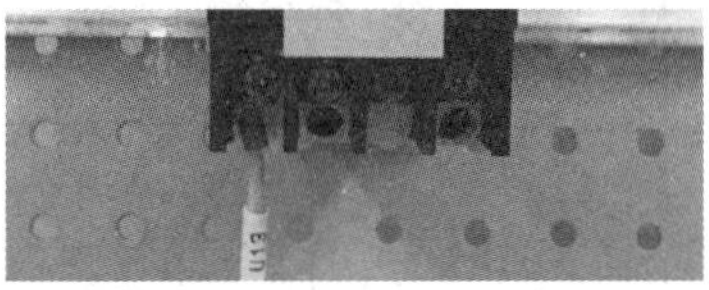 | 拧紧接线端螺丝，压冷压端子 |
| 12 | 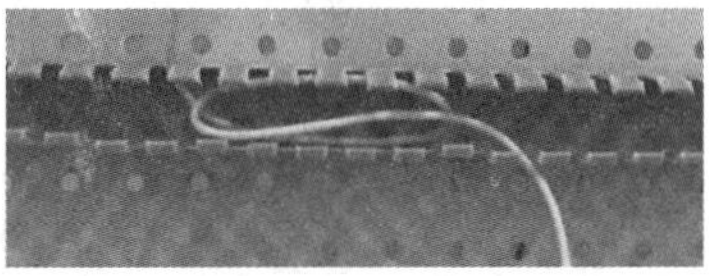 | 走线槽 |
| 13 |  | 最终效果 |

**3. 接线原则**

（1）严格按照电气原理图、电气元件布置图和电气安装接线图接线。

（2）导线要严格按照国标选择合适的颜色和线径。

（3）先接主电路，再接控制电路。

（4）接线时遵循“上进下出、左进右出”的原则。

（5）导线要保证牢固可靠。

（6）同一接点处的冷压端子不能超过 2 个。

（7）导线必须走线槽。

（8）导线必须套线号管，线号管上的线号必须字头向上或字头向左，并且有打印文字的部分朝外。

电动机正反转控制

## 五、双重互锁电动机正反转控制电路分析

双重互锁电动机正反转控制的电气原理图如图 3-12 所示。

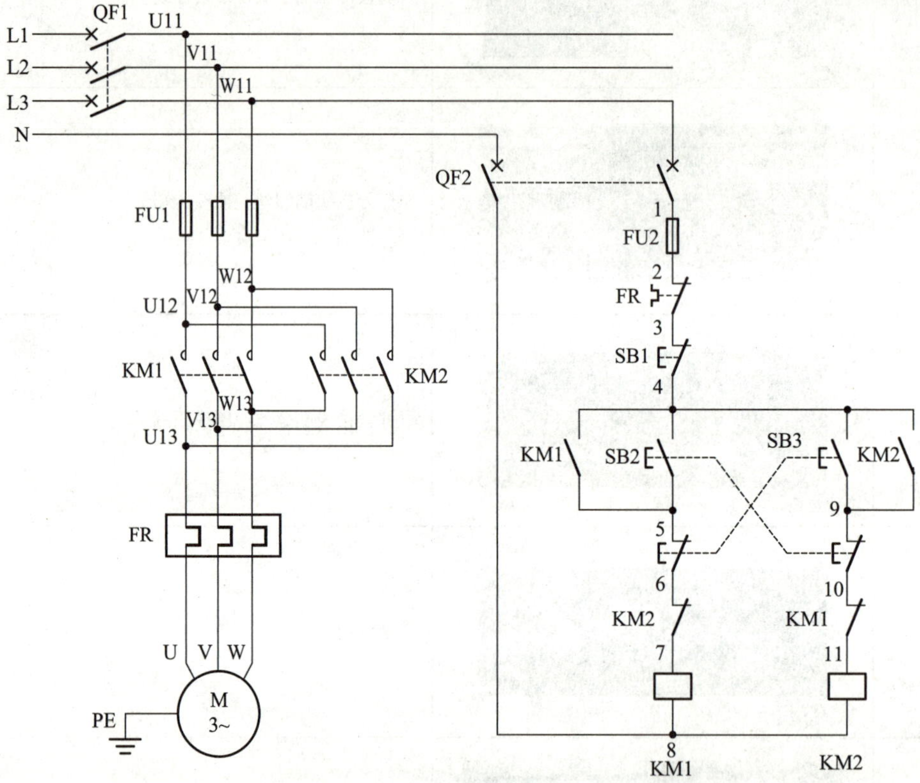


图 3-12　双重互锁电动机正反转控制的电气原理图

电动机的工作过程如下：

正转：合上断路器 QF1、QF2→按下按钮 SB2→SB2 常闭触点先断开，切断 KM2 线圈回路（机械互锁），然后 SB2 常开触点闭合→KM1 线圈通电→接触器辅助常闭触点 KM1 先断开（电气互锁），然后主触点 KM1 闭合，辅助常开触点 KM1 闭合实现自锁→电动机正转。

反转：按下按钮 SB3→SB3 常闭触点先断开，切断 KM1 线圈回路（机械互锁），然后 SB3 常开触点闭合→KM2 线圈通电→接触器辅助常闭触点 KM2 先断开（电气互锁），然后主触点 KM2 闭合，辅助常开触点 KM2 闭合实现自锁→电动机反转。

停止：按下停止按钮 SB1→接触器 KM1 和 KM2 线圈都断电→接触器主触点 KM1 和 KM2 均断开→电动机 M 停转。

# 任务二　工作台自动往返控制线路的安装与调试

## ■ 任务资讯

### 一、行程开关

某些生产机械运动状态的转换，是靠部件运行到一定位置时由行程开关发出信号进行自动控制的。例如，行车运动到终端位置自动停车、工作台在指定区域内的自动往返移动都是由运动部件运动的位置或行程来控制的，这种控制称为行程控制。

行程控制是用行程开关代替按钮开关来实现对电动机的启动和停止控制，可分为限位断电、限位通电和自动往复循环等控制。

**1. 行程开关的外形结构及符号**

机械式行程开关的外形结构如图 3–13（a）所示，图 3–13（b）所示为行程开关的图形符号，其文字符号为 SQ。

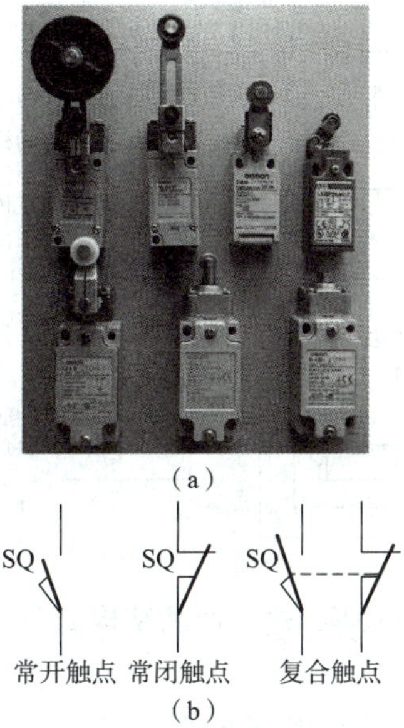


图 3–13　行程开关的外形结构和图形符号

（a）外形结构；（b）图形符号

**2. 行程开关的工作原理**

当生产机械的运动部件到达某一位置时，运动部件上的挡块碰压行程开关的操作头，使行程开关的触头改变状态，对控制电路发出接通、断开或变换某些控制电路的指令，以达到设定的控制要求。图 3–14 所示为直动式行程开关的动作原理图。

其动作原理与复合按钮相同，当有外力压下推杆时，常闭触点先断开，接着常开触点闭合；当外力撤销后，推杆在弹簧的作用下复位，常开触点先恢复初始状态（断开），接着常闭触点恢复初始状态（闭合）。

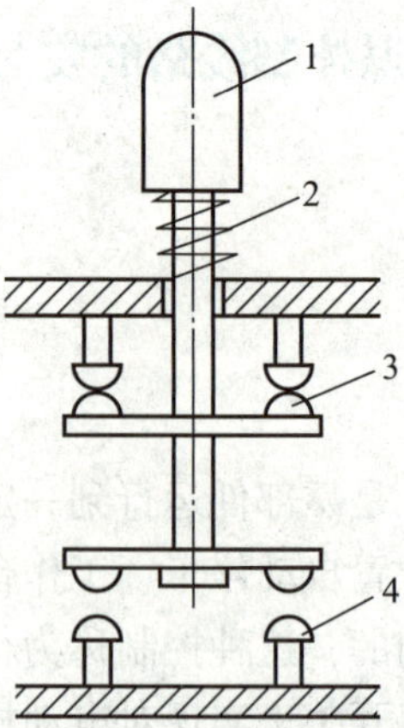


图 3-14　直动式行程开关的动作原理图

1—推杆；2—弹簧；3—常闭（动断）触点；4—常开（动合）触点

**3. 行程开关的型号含义**

行程开关的型号含义如下：

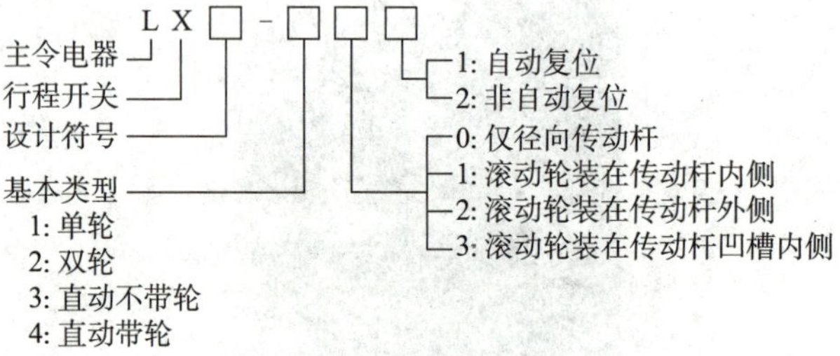


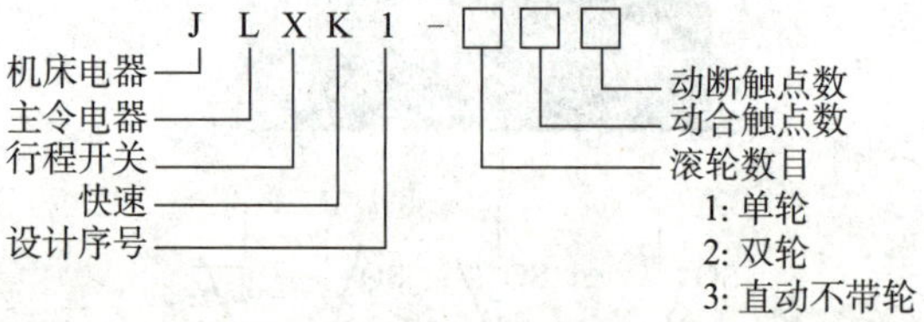


例如：LX19-111、JLXK1-111 等，这些产品结构简单、功能实用、价格低廉，受到广大使用者的青睐。

## 二、工作台自动往返控制电路分析

工作台自动往返
控制电路

工作台自动往返控制电路的电气原理图如图 3-15 所示。

电动机的工作过程如下：

合上断路器 QF1、QF2→按下按钮 SB2→SB2 常闭触点先断开，切断 KM2 线圈回路（机械互锁），然后 SB2 常开触点闭合→KM1 线圈通电→接触器辅助常闭触点 KM1 先断开（电气互锁），然后主触点 KM1 闭合，辅助常开触点 KM1 闭合实现自锁→电动机正转，工作台向右运动（假设）→工作台至最右端撞击 SQ2→SQ2 常闭触点先断开，切断 KM1 线圈回路，然后 SQ2 常开触点闭合→KM2 线圈通电→接触器辅助常闭触点 KM2 先断开，然后主触点 KM2 闭合，辅助常开触点 KM2 闭合实现自锁→电动机反转，工作台向左运动。

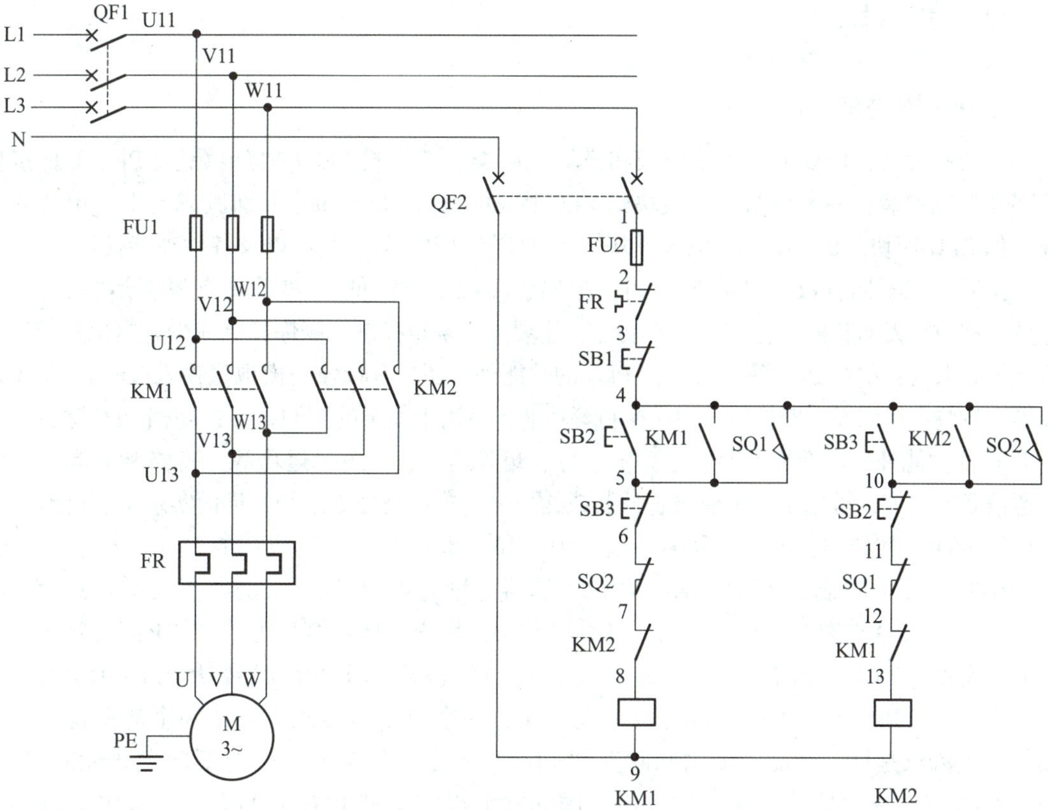


图 3-15　工作台自动往返控制电路的电气原理图

如果先按下按钮 SB3，工作台先向左运动，至左极限后由 SQ1 切换到向右运动，分析过程与上述类似。

停止：按下停止按钮 SB1→接触器 KM1 和 KM2 线圈都断电→接触器主触点 KM1 和 KM2 均断开→电动机 M 停转，工作台停止运动。工作台可停留在左、右极限中的任意位置。

## 任务三　工作台自动往返控制的 PLC 装调

### ■ 任务资讯

### 一、西门子 PLC 1200

#### 1. PLC 简介

PLC（Programmable Logic Controller）即可编程控制器，它的作用是取代继电器，以执行逻辑判断、计时、计数等顺序控制功能。可编程控制器对用户来说，是一种无触点设备，改变程序即可改变生产工艺。可编程控制器是面向用户的专用工业控制计算机，具有许多明显的特点。

（1）可靠性高，抗干扰能力强；

（2）编程直观、简单；

（3）适应性好；

（4）功能完善，接口功能强。

**2. PLC 的分类**

按结构形式，PLC 可分为整体式和模块式两类，整体式 PLC 是将电源、CPU、I/O 接口等部件都集中装在一个机箱内；模块式 PLC 将 PLC 的各组成部分分别做成若干个单独的模块，如 CPU 模块、I/O 模块、电源模块（有的含在 CPU 模块中）以及各种功能模块。

按照功能不同，PLC 可分为低档、中档、高档三类，低档 PLC 具有逻辑运算、定时、计数、移位以及自诊断、监控等基本功能，主要用于逻辑控制、顺序控制或少量模拟量控制的单机控制系统；中档 PLC 除具有低档 PLC 的功能外，还具有较强的模拟量输入/输出、算术运算等，有些还可增设中断控制、PID 控制等功能，适用于复杂的控制系统；高档 PLC 除具有中档 PLC 的功能外，还增加了带符号算术运算、矩阵运算、位逻辑运算等，高档 PLC 具有更强的通信联网功能，可用于大规模过程控制或构成分布式网络控制系统，进而实现工厂自动化。

按 I/O 点数分类，PLC 可分为小型、中型和大型三类。小型 PLC 的 I/O 点数小于 256，具有单 CPU 及 8 位或 16 位处理器，用户存储器容量为 4 KB 以下。例如：三菱 FX0S 系列；中型 PLC 的 I/O 点数在 256 ~ 2 048，具有双 CPU，用户存储器容量为 2 ~ 8 KB；大型 PLC 的 I/O 点数大于 2 048，具有多 CPU 及 16 位或 32 位处理器，用户存储器容量为 8 ~ 16 KB。

世界上，PLC 产品可按地域分成三大流派，一个流派是美国产品，一个流派是欧洲产品，一个流派是日本产品。美国和欧洲的 PLC 技术是在相互隔离情况下独立研究开发的，而日本的 PLC 技术是由美国引进的。美国和欧洲以大中型 PLC 而闻名，而日本则以小型 PLC 著称。国内常用的 PLC 主要包括西门子、施耐德、三菱电动机、松下以及一些国产品牌。常见的 PLC 见表 3-2。

**表 3-2　常见的 PLC**

| PLC 品牌 | 典型产品 | 产品特点 |
|---|---|---|
| 西门子 | S5-100U | 小型模块式 PLC，最多可配置 256 个 I/O 点 |
| | S5-115U | 中型 PLC，最多可配置 1 024 个 I/O 点 |
| | S5-155U | 大型机，最多可以配置 4 096 个 I/O 点 |
| | S7-200 | 属于微型 PLC |
| | S7-300 | 属于中小型 PLC |
| | S7-1200 | 最新小型 PLC，集成 PROFINET 接口 |
| | S7-1500 | 最新中小型 PLC |
| AB | PLC-5/10，PLC-5/12，PLC-5/15，PLC-5/25 | 中型 PLC，I/O 点配置范围为 256 ~ 1 024 点 |
| | PLC-5/11，PLC-5/20，PLC-5/30，PLC-5/40 PLC-5/40L，PLC-560L | 大型 PLC，I/O 点最多可配置 3 072 点 |

续表

| PLC 品牌 | 典型产品 | 产品特点 |
|---|---|---|
| 三菱 | F1/F2 系列 | F1/F2 系列是 F 系列的升级产品 |
| | FX 系列 | 在容量、速度、特殊功能、网络功能等方面都有了更全面的加强。FX2 系列是整体式高功能型的小型机，FX2N 是 FX2 的换代产品 |
| | A 系列，Q 系列 | 具有丰富的网络功能，I/O 点数可达到 8 192 点，其中 Q 系列是三菱公司现有的最高性能的 PLC |

### 3. S7-1200

S7-1200 可编程逻辑控制器提供了控制各种设备，以满足自动化需要的灵活性和强大功能的信号模块。可以使用信号模块给 CPU 增加附加功能，信号模块连接在 CPU 右侧，如图 3-16 和图 3-17 所示。S7-1200 系列提供了给系统增加附加功能的通信模块（Communication Module，CM），它提供了两种通信模块，即 RS-232 和 RS-485。CPU 最多支持 3 个通信模块，各 CM 连接在 CPU 的左侧（或连接到另一 CM 的左侧），如图 3-18 所示。

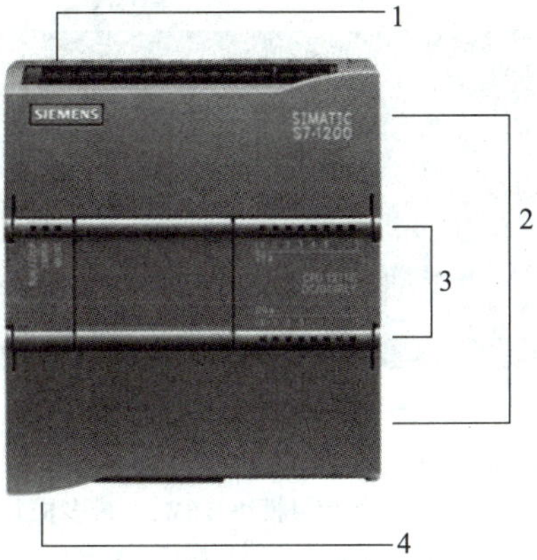


图 3-16　S7-1200 结构

1—电源接口；$2_{上}$—可拆卸用户接线连接器；$2_{下}$—存储卡插槽；
3—板载 I/O 的状态 LED；4—PROFINET 连接器（CPU 的底部）

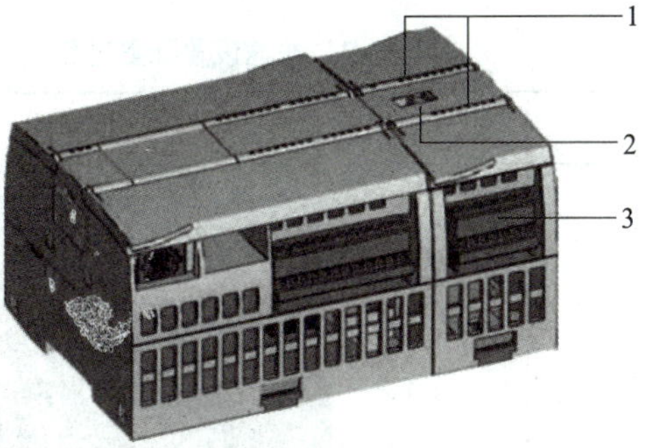


图 3-17　信号模块

1—信号模块 I/O 的状态 LED；2—总线连接器；3—可拆卸用户接线连接器

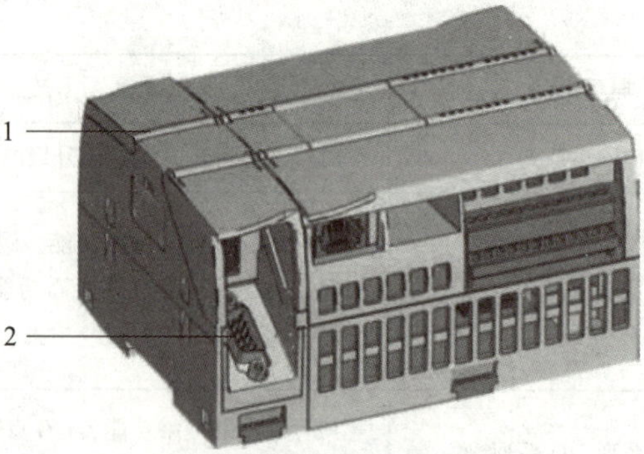


图 3-18　通信模块

1—通信模块的状态 LED；2—通信连接器

## 二、设备配置

### 1. S7-1200CPU 及其他模块

通过向项目中添加 CPU 和其他模块，可以为 PLC 创建设备配置，如图 3-19 所示。

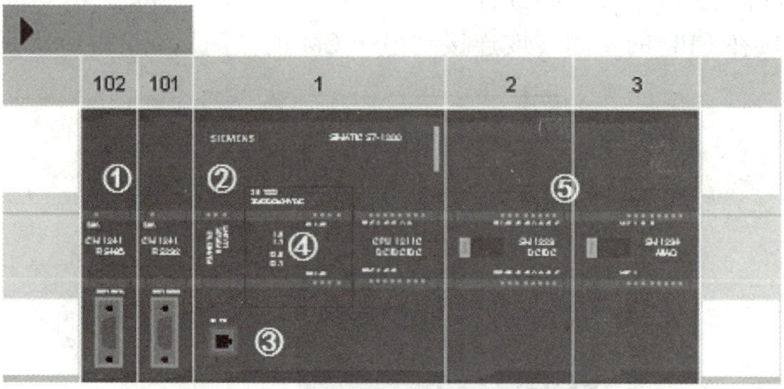


图 3-19　CPU 及其他模块

①通信模块（CM）：最多 3 个，分别插在插槽 101、102 和 103 中；②CPU：插槽；③CPU 的以太网端口；④信号板（SB）：最多 1 个，插在 CPU 中；⑤数字或模拟 I/O 的信号模块（SM）：最多 8 个，分别插在插槽 2～9 中（CPU1214C 允许使用 8 个；CPU1212C 允许使用 2 个；CPU1211C 不允许使用任何信号模块）

### 2. 设置配置（以最简单的 CPU 配置为例）

快速设置配置过程见表 3-3。

S7 -1200 组态过程

表 3-3　快速设置配置过程

| 步骤 | 操作内容 | 截图 |
|---|---|---|
| 1 | 创建新项目 | 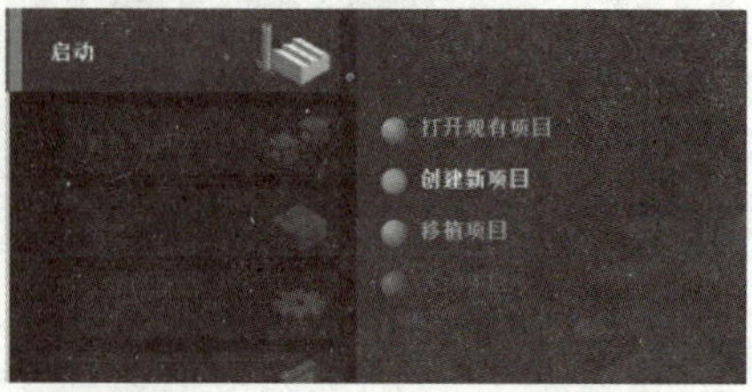 |

续表

| 步骤 | 操作内容 | 截图 |
|---|---|---|
| 2 | 组态设备 |  |
| 3 | 添加新设备 | 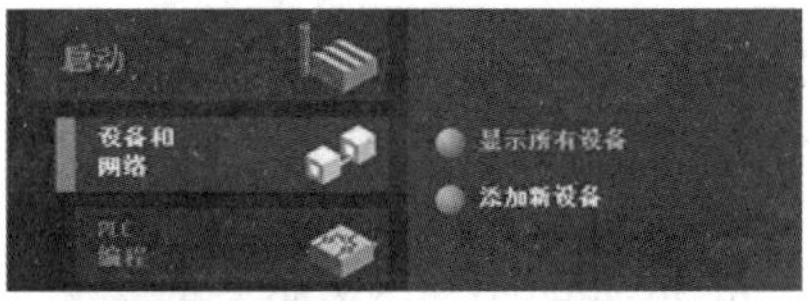 |
| 4 | 选择合适的设备参数 | 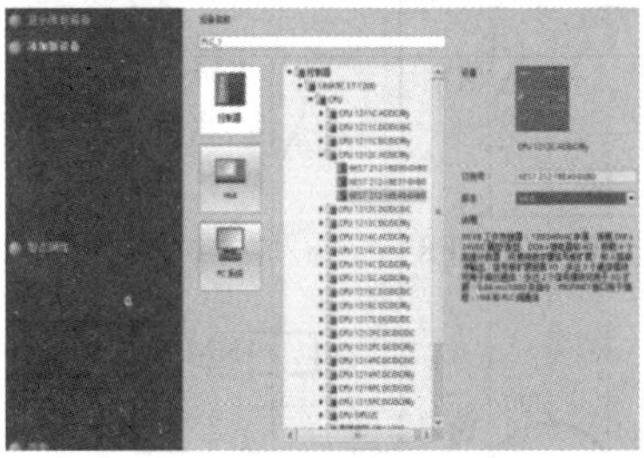 |
| 5 | 设置 IP 地址 | 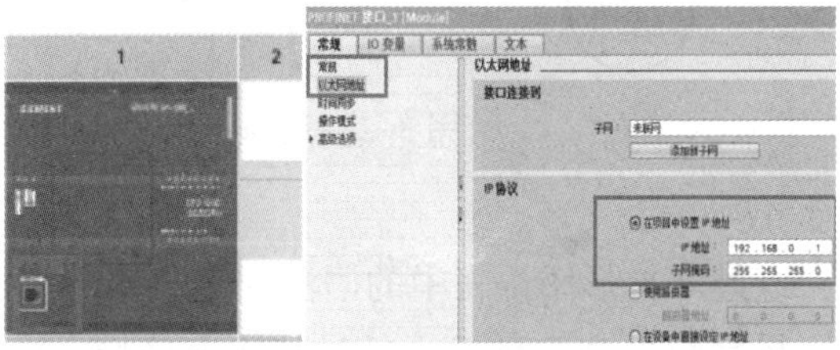 |
| 6 | 选择整个 PLC，上传设备 | 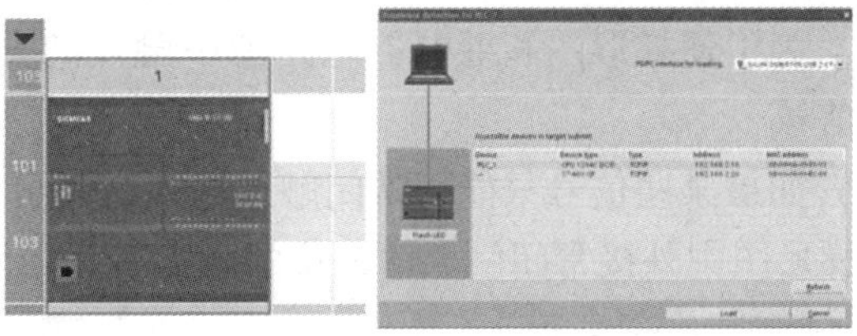 |
| 7 | 编写程序 | 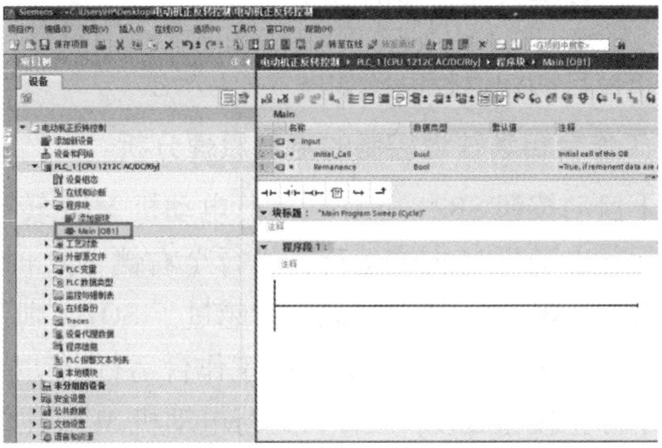 |

## 三、继电器电气图与 PLC 梯形图

如图 3-20 所示，根据继电器电路图设计梯形图的方法，将继电器电路图转换为功能相同的 PLC 的外部接线图和梯形图，其步骤如下：

（1）根据继电器电路图，分析控制系统的工作原理。

（2）确定 PLC 输入信号和输出负载，以及与它们对应的梯形图中的输入位和输出位。

（3）确定中间继电器、时间继电器对应的梯形图中的位存储器和定时器地址。

（4）根据上述关系画出梯形图。

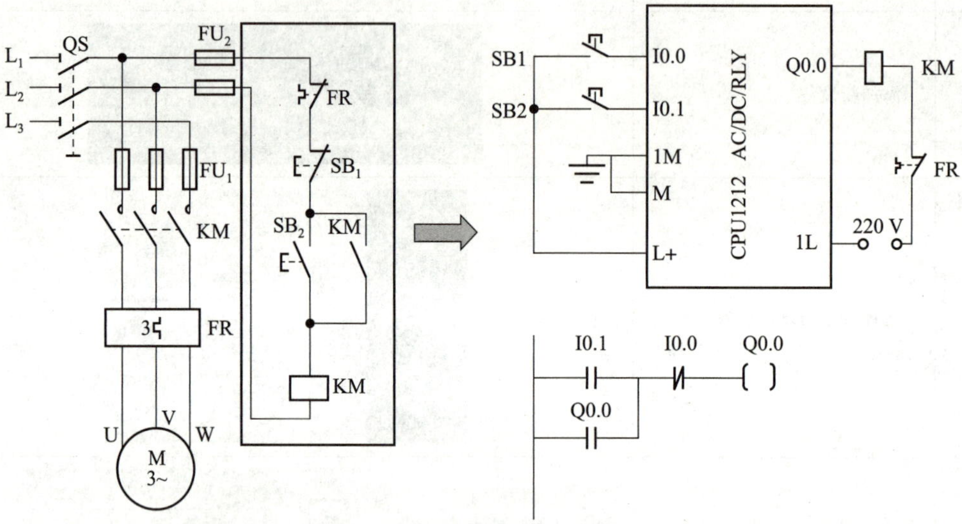


图 3-20　继电器电气图与 PLC 梯形图关系

注意事项：

（1）应遵守梯形图语言中的语法规定。

（2）尽量减少 PLC 的输入信号和输出信号。

（3）为了使梯形图和继电器电路图中触点的类型相同，尽可能地使用常开触点作 PLC 的输入信号。

（4）如果某些信号只能用常闭触点输入，则可以按输入全部为常开触点来设计梯形图，然后将梯形图中外接常闭触点输入位的触点改为相反的触点。

## 四、工作台自动往返的 PLC 控制

工作台自动往返控制图如图 3-21 所示。

### 1. 工作台自动往返控制的电气原理分析

按下启动按钮 SB2，工作台运行电动机 M 正转（向左）运行，行至左端位置撞击 SQ1，工作台运行电动机 M 向右运行，当行至右侧 SQ2 时，电动机反转，实现自动往返控制。如果工作台运行电动机 M 向左运行时越过了 SQ1，则至左侧极端位置 SQ3 时电动机停止运行。

如果先按下启动按钮 SQ3，则工作台运行电动机 M 反转（向右）运行，分析方法同上。

按下停止按钮 SB1，工作台运行电动机 M 可在任意位置停车。

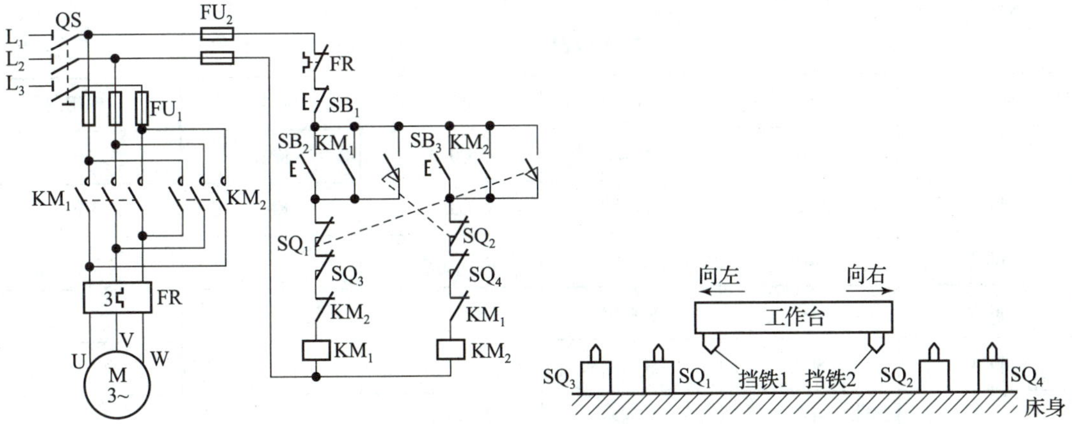


图 3-21　工作台自动往返控制图

## 2. S7-1200 对工作台自动往返控制进行改造

1）电气原理图设计（见图 3-22）

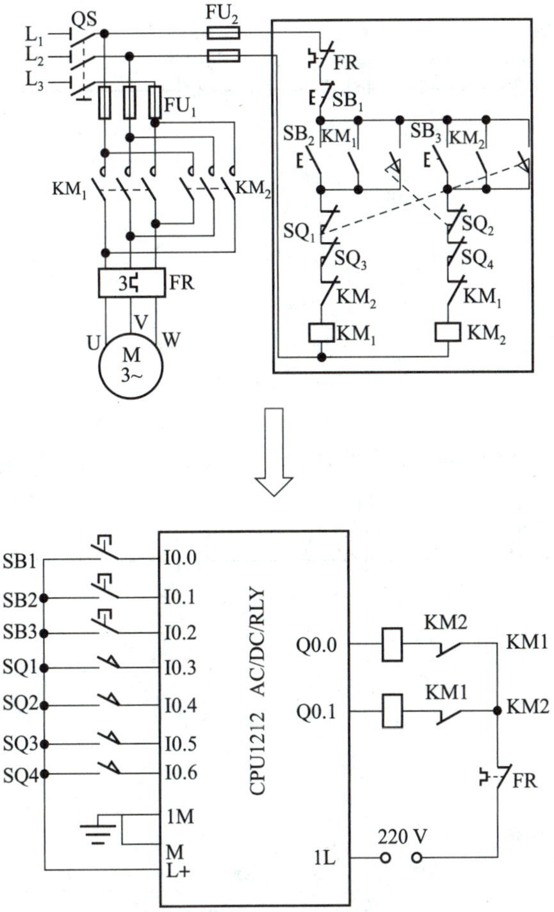


图 3-22　工作台自动往返控制 PLC 改造

2）I/O 分配表（见表 3–4）

表 3–4　工作台自动往返控制 I/O 分配

| 输入点 | 符号 | 作用 | 输出点 | 符号 | 作用 |
|---|---|---|---|---|---|
| I0. 0 | SB1 | 停车 | Q0. 0 | KM1 | 正转 |
| I0. 1 | SB2 | 正启动 | Q0. 1 | KM2 | 反转 |
| I0. 2 | SB3 | 反启动 | | | |
| I0. 3 | SQ1 | 左限位 | | | |
| I0. 4 | SQ2 | 右限位 | | | |
| I0. 5 | SQ3 | 左急停 | | | |
| I0. 6 | SQ4 | 右急停 | | | |

3）PLC 程序（见图 3–23）

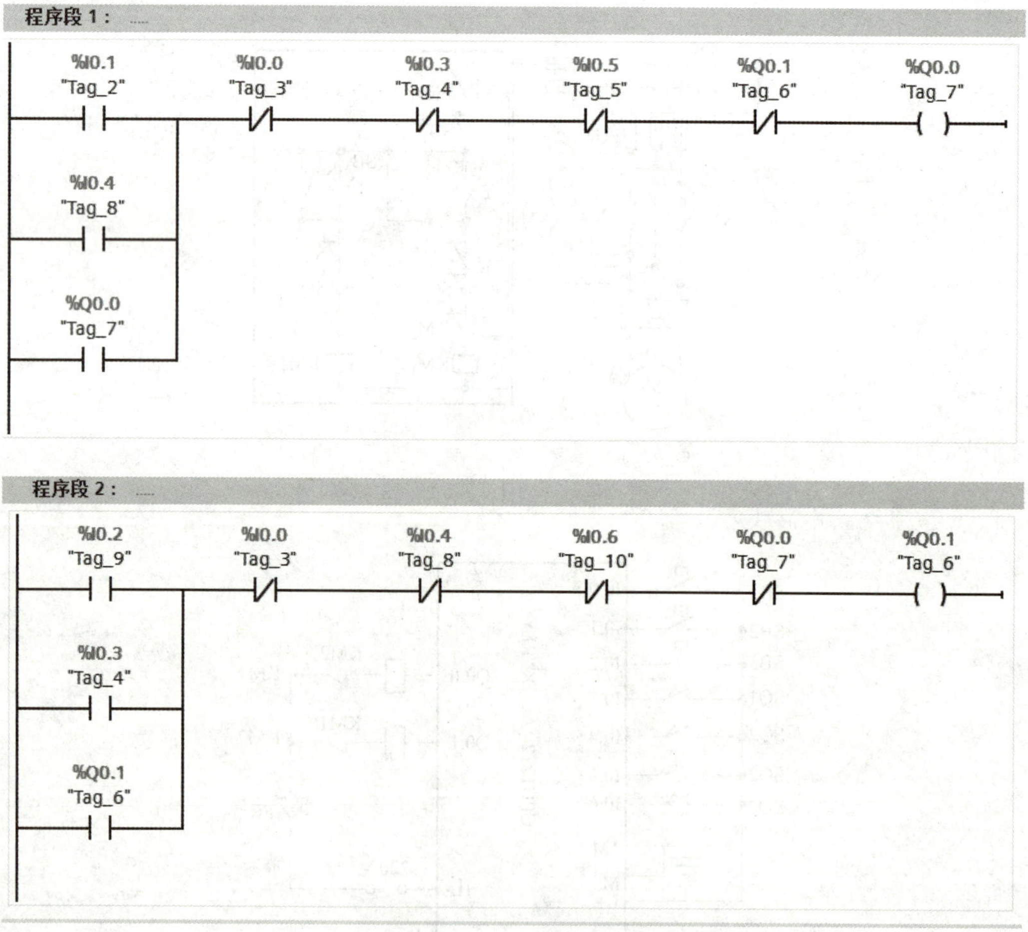


图 3–23　PLC 程序

# 任务四　时间控制的电动机自动反转控制电路的安装与调试

## 任务资讯

### 一、时间继电器

时间继电器是指当加入（或去掉）输入的动作信号后，其输出电路需经过规定的准确时间才产生跳跃式变化（或触头动作）的一种继电器，即当吸引线圈通电或断电后，其触头需经过一定延时以后再动作，以控制电路的接通或分断。

**1. 时间继电器的分类**

时间继电器的种类很多，主要有电磁式、空气阻尼式和电子式等几大类，延时方式有通电延时和断电延时两种。它被广泛用于控制生产过程中按时间原则制定的工艺程序，如笼型电动机星三角启动等。

空气阻尼式时间继电器延时时间有0.4~180 s和0.4~60 s两种规格，具有延时范围宽、结构简单、工作可靠、价格低廉、寿命长等优点，是交流控制线路中常用的时间继电器。它的缺点是有延时误差［±(10%~20%)］，无调节刻度指示，难以精确地整定延时值。在对延时精度要求较高的场合，不宜使用这种时间继电器。

**2. 时间继电器的外形结构及符号**

空气阻尼式时间继电器的外形结构如图3-24（a）所示，图3-24（b）所示为时间继电器的图形符号，其文字符号为KT。

时间继电器

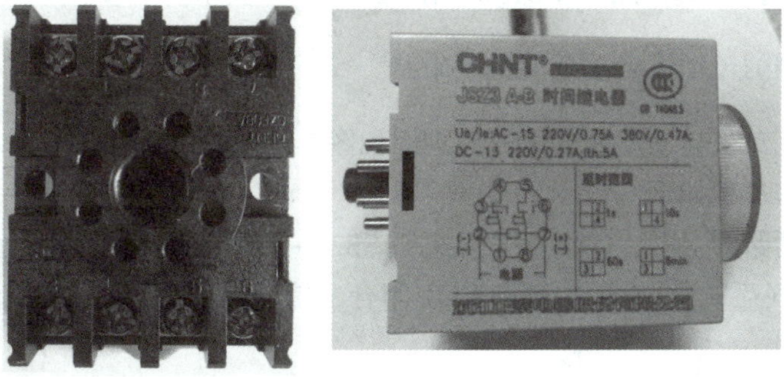


(a)

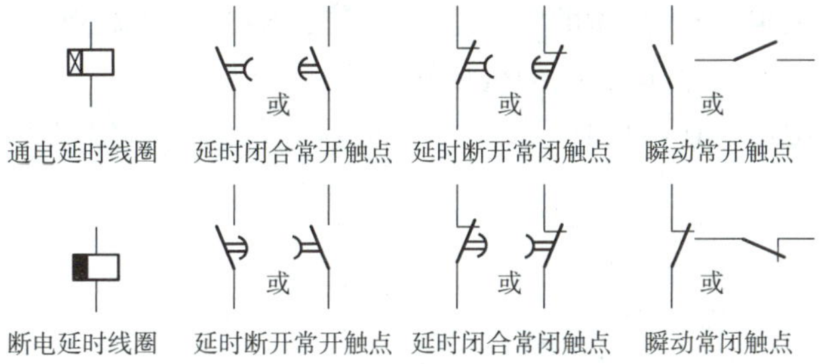


(b)

图3-24　空气阻尼式时间继电器

(a) 外形结构；(b) 图形符号

**3. 时间继电器的接线**

由图3-21（a）可得，JSZ3 A-B型时间继电器底座上有8个接线端，序号为1～8，分别与铭牌上的接线示意图相对应。其中，2与7之间是线圈，需接电源，如果接直流电源，必须是2接电源负极、7接电源正极，不能接反；如果接交流电源，则不分极性，可随意接。13与14、68与58分别为两对组合触点，13与68是通电延时闭合触点，14与58为通电延时断开触点。

必须注意的是，当电路中需要一对通电延时闭合触点和一对通电延时断开触点时，需分别从两对组合触点中选取一对使用，即13和58，或者68与14。如果选择13和14，或者58与68接入电路，则将发生短路。

**4. 时间继电器的型号含义**

时间继电器的型号含义如下：

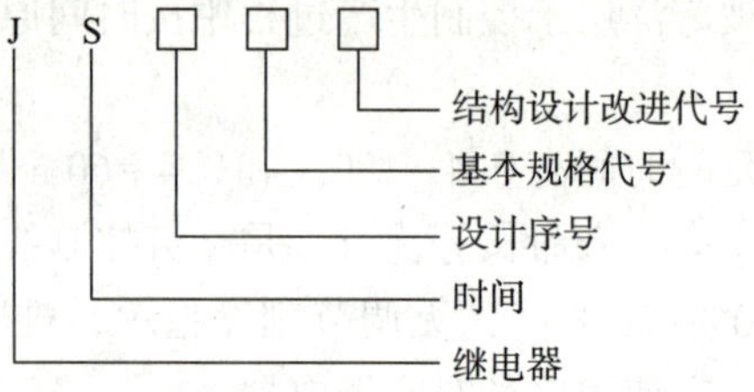


例如：JSZ3 A-B，JS：时间继电器；Z：综合型；3：设计序号；A：基型（通电延时，多挡式），另外，C为瞬动型（通电延时，多挡式），F为断电延时，K为信号断开延时，Y为星三角启动延时（通电延时），R为往复循环定时（通电延时）；B：四挡时间可调，延时范围代号（适用于多挡式）用A、B、C、D、E、F、G表示。

## 二、时间控制的电动机自动反转控制电路

时间控制的电动机自动反转的电气原理图如图3-25所示。

电动机的工作过程如下：

正转：合上断路器QF1、QF2→按下按钮SB2→KM1线圈通电→接触器辅助常闭触点KM1先断开（电气互锁），然后主触点KM1闭合，辅助常开触点KM1闭合实现自锁→电动机正转；

反转：按下按钮SB2的同时，KT1线圈通电（计时开始）→到达延时时间，KT1常闭触点断开→KM1线圈失电，KM1辅助常闭触点复位，KT1常开触点闭合→KM2线圈通电，辅助常开触点KM2闭合实现自锁→电动机反转；

停止：按下停止按钮SB1→KM1、KM2、KT1线圈都断电→接触器主触点KM1和KM2均断开→电动机M停转。

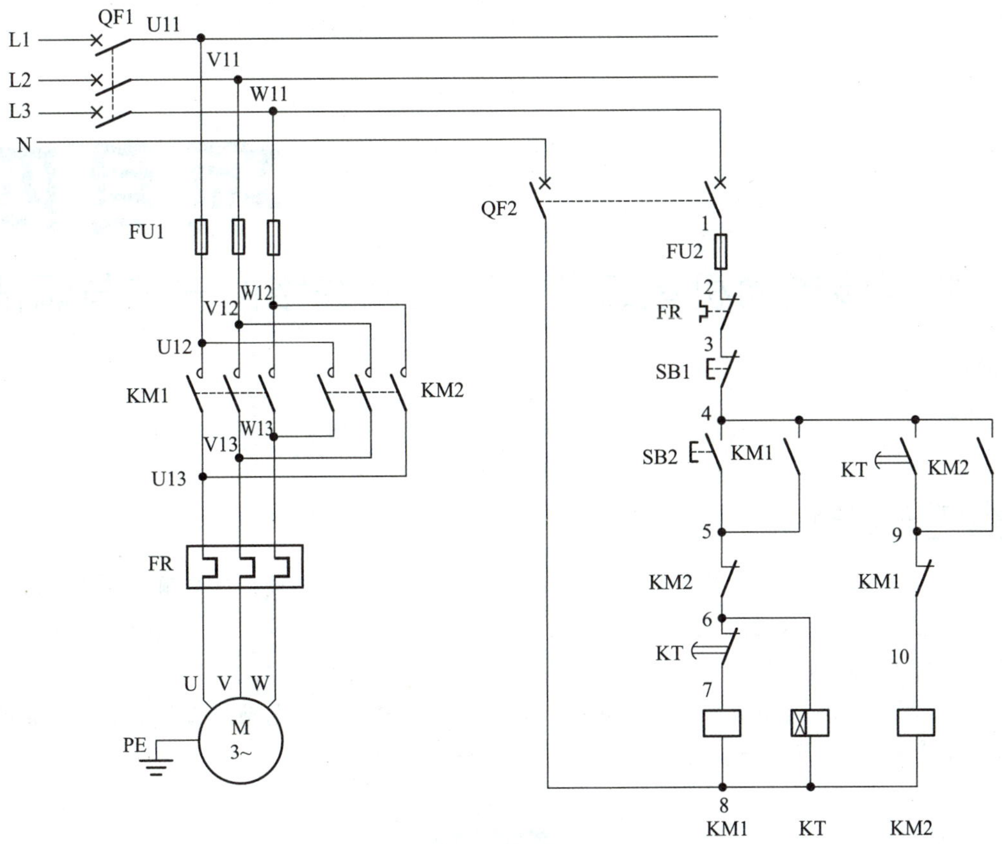


图 3-25　时间控制的电动机自动反转线路电气原理图

# 项目四

## 三相异步电动机星三角启动控制线路的安装与调试

### 项目介绍

三相异步电动机因其结构简单、价格便宜、可靠性高等优点被广泛应用。但其在启动过程中启动电流较大（启动电流是运行电流的5～7倍），所以容量大（大于等于7.5 kW）的电动机不能直接启动，星三角降压启动就是一种简单方便的启动方式。

例如，空压机绝大多数采用星三角降压启动方式。启动时，电动机三相定子绕组成星形连接，经过5～10 s延时后，定子绕组转换成三角形连接。

空气压缩机

本项目要求同学们明确控制要求，并能对电气原理图进行设计，最终根据电气原理图进行安装与调试。通过本项目的学习，希望能有以下收获。

### 学有所获

| 序号 | 学习效果 | 知识目标 | 能力目标 |
|---|---|---|---|
| 1 | 掌握电动机星三角控制的实现原理 | √ | |
| 2 | 掌握电动机星三角启动（复合按钮控制）电气图的识读与分析 | √ | |
| 3 | 掌握电动机星三角启动（时间继电器控制）电气图的设计 | √ | |
| 4 | 掌握时间继电器的接线技巧 | √ | |
| 5 | 能熟练使用常用的电工工具 | | √ |

续表

| 序号 | 学习效果 | 知识目标 | 能力目标 |
|---|---|---|---|
| 6 | 能熟练对电动机星三角启动进行分析、设计、接线与调试 | | √ |
| 7 | 能快速找出电动机星三角控制过程中出现的故障点并独立排除 | | √ |

## 任务一 按钮控制的电动机星三角启动电路的安装与调试

### ■ 任务资讯

### 一、三相异步电动机的启动方式

#### 1. 鼠笼式三相异步电动机的启动方式

三相异步电动机的启动方式主要有直接启动和降压启动。直接启动也叫全压启动，是指将电源电压（即全压）直接加到异步电动机的定子绕组，使电动机在额定电压下启动。一般7.5 kW以下的电动机均可采用。直接启动的特点是启动设备简单，启动时间短，启动方式简单、可靠，所需成本低；但启动电流较大，一般为额定电流的5~7倍，且对电动机和电网有一定冲击。

降压启动是指启动时降低加在电动机定子绕组上的电压，启动后再将电压恢复至额定值，使电动机全压运行。降压启动最主要的特点是降低电动机启动电流，从而减小对电网的冲击；但由于转矩和电压的平方成正比，因此降压启动时电动机的启动转矩减少很多，故只适用于空载或轻载启动。

常见的降压启动方式主要有定子绕组串电阻降压启动、自耦变压器降压启动和星三角降压启动。

1）定子绕组串电阻降压启动

定子绕组串电阻降压启动的主电路示意图如图4-1所示。

启动时，在每相定子绕组中串入电阻*R*，利用串联分压原理降低绕组上的电压；启动后，将启动电阻*R*短接，电动机进入全压运行。

2）自耦变压器降压启动

自耦变压器降压启动的主电路示意图如图4-2所示。

启动时，利用自耦变压器来降低加在定子绕组上的电压；启动后，将自耦变压器脱离，电动机进入全压运行状态。

自耦变压器降压启动的优点是不受电动机绕组接线

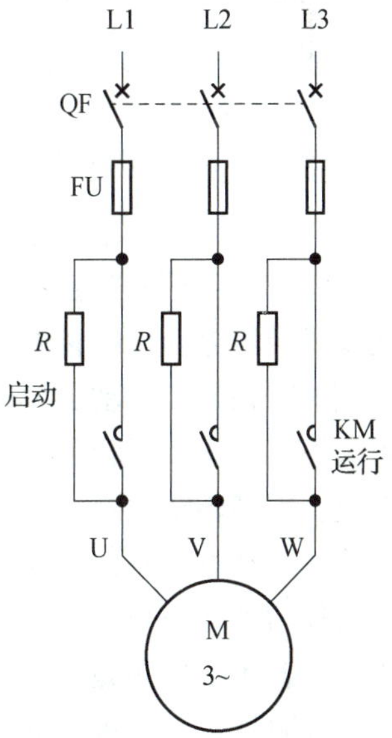


图4-1 定子绕组串电阻降压启动的主电路示意图

方法的限制，可按照允许的启动电流和所需的启动转矩选择不同的抽头，常用于启动容量较大的电动机。其缺点是设备费用高，不宜频繁启动。

3）星三角降压启动

星三角降压启动的主电路示意图如图 4-3 所示。

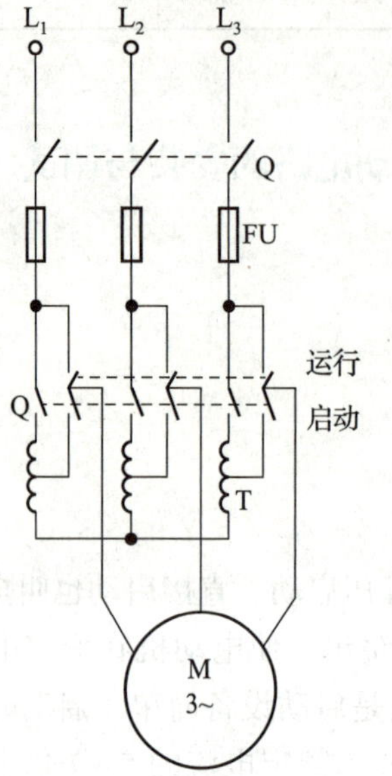


图 4-2　自耦变压器降压启动的主电路示意图

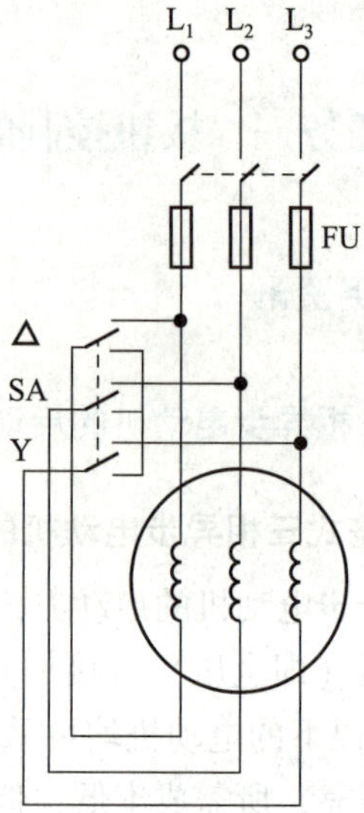


图 4-3　星三角降压启动的主电路示意图

启动时，把定子绕组接成星形，降低启动电压，减小启动电流；启动后，把定子绕组改接成三角形，电动机进入全压运行状态。

电动机采用星三角降压启动应满足三个条件：

（1）负载对电动机启动力矩无严格要求，且需限制电动机的启动电流；

（2）电动机满足 380 V/星三角接线条件；

（3）电动机正常运行时定子绕组的接法是三角形。

**2. 绕线式三相异步电动机启动方式**

绕线式电动机与鼠笼式电动机结构有所不同，绕线式转子的绕组和定子绕组相似，三相绕组连接成星形，三根端线连接到装在转轴上的三个铜滑环上，通过一组电刷与外电路相连接。

绕线式异步电动机的转子串电阻启动示意图如图 4-4 所示。

绕线式三相异步电动机，转子绕组通过滑环与电阻连接。外部串接电阻相当于转子绕组的内阻增加了，减小了转子绕组的感应电流。根据电动机的特性，转子串接电阻会降低电动机的转速，提高转动力矩，有更好的启动性能。

在这种启动方式中，由于电阻是常数，故启动过程不够平稳，要想获得更加平稳的启动性能，必须增加启动级数，在启动过程中逐级切除，但是这样会使设备复杂化。

采用在转子上串频敏变阻器的启动方法，也可以使启动更加平稳。

频敏变阻器启动原理：电动机定子绕组接通电源电动机开始启动时，由于串接了频敏变阻器，电动机转子转速很低，启动电流很小，故转子频率较高（$f_2 \approx f_1$），频敏变阻器的铁损很大。随着转速的提升，转子电流频率逐渐降低，电感的阻抗随之减小，这就相当于启动

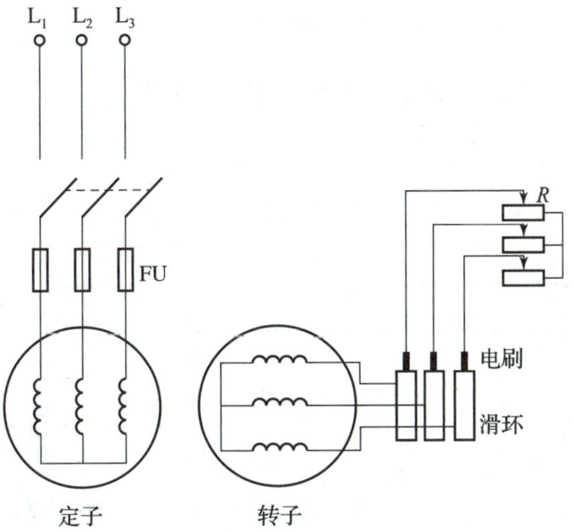

图 4-4　绕线式异步电动机的转子串电阻启动示意图

过程中电阻的无级切除。当转速上升到接近于稳定值时，频敏电阻器短接，启动过程结束。

转子串电阻或频敏变阻器虽然启动性能好，可以重载启动，但由于只适合于价格昂贵、结构复杂的绕线式三相异步电动机，所以只是在启动控制、速度控制要求较高的各种升降机、输送机、行车等行业使用。

## 二、三相异步电动机的接法

三相异步电动机的三相绕组共有六个接线头引出来，接在接线盒的六个接线柱上，并标记符号 U1、U2，V1、V2，W1、W2，称为 U、V、W 三相绕组，如图 4-5 所示。

把接线盒上面三个接线柱用金属片连接起来，下面三个接线柱再分别接电源，这种接法称为星形接线，用符号“Y”表示，如图 4-6（a）所示。把接线盒的六个接线柱中上、下两柱用金属片连接起来后，再分别接电源，这种接法称为三角形接线，用符号“△”表示，如图 4-6（b）所示。

图 4-5　电动机的接线盒

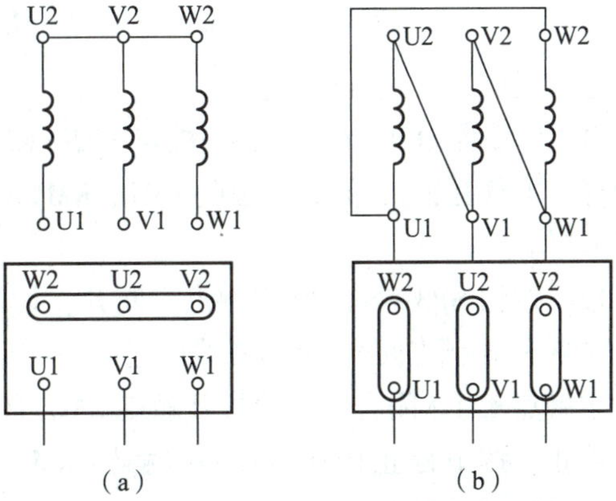

图 4-6　三相异步电动机的接法

（a）Y 接法示意图；（b）△接法示意图

## 三、按钮控制的电动机星三角启动电路分析

按钮控制星三角降压启动

按钮控制电动机星三角启动的电气原理图如图 4-7 所示。

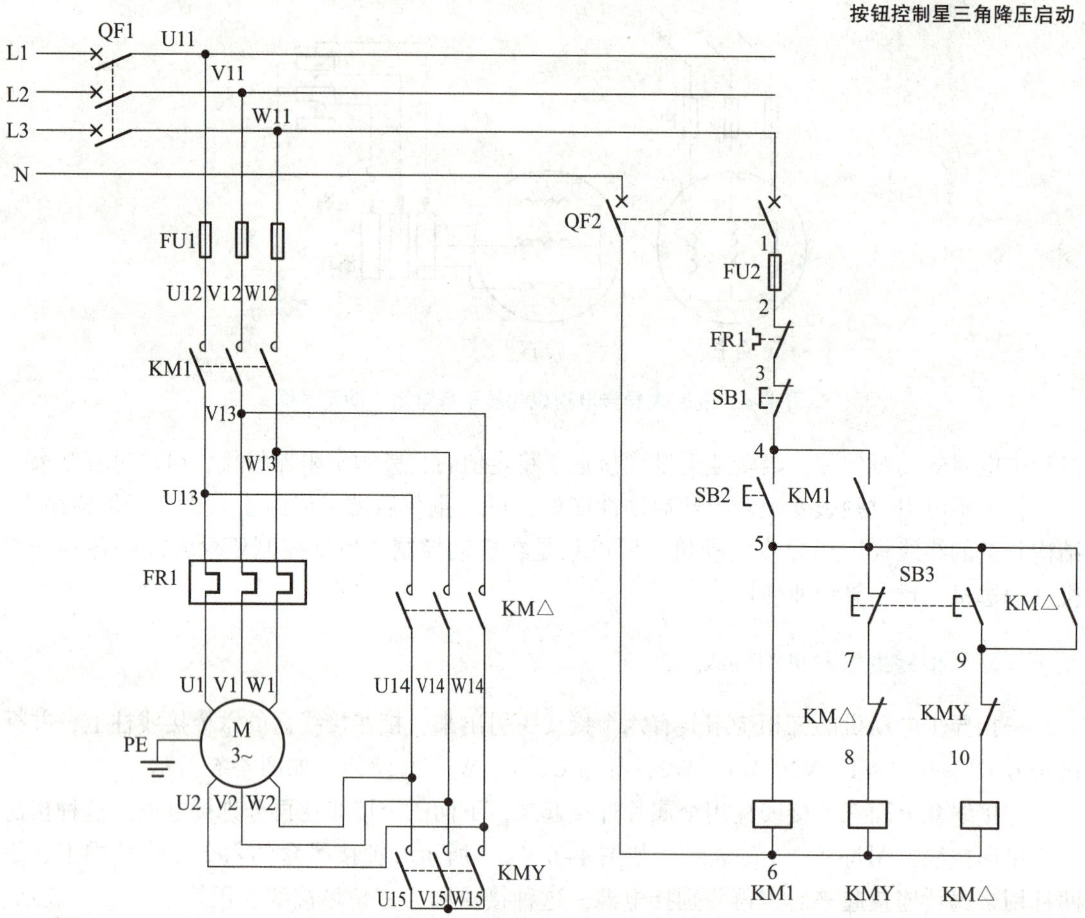


图 4-7　按钮控制电动机星三角启动的电气原理图

电动机的工作过程如下：

合上断路器 QF1、QF2→按下按钮 SB2→KM1、KMY 线圈通电→接触器辅助常闭触点 KMY 先断开（电气互锁），然后主触点 KM1、KMY 闭合，辅助常开触点 KM1 闭合实现自锁→电动机星形启动。

按下按钮 SB3→SB3 常闭触点先断开，切断 KMY 线圈回路，辅助常闭触点 KMY 复位，然后 SB3 常开触点闭合→KM△线圈通电→接触器辅助常闭触点 KM△先断开（电气互锁），然后主触点 KM△闭合，辅助常开触点 KM△闭合实现自锁→电动机三角形全压运行。

停止：按下停止按钮 SB1→接触器 KM1、KMY 和 KM△线圈都断电→接触器主触点 KM1、KMY 和 KM△均断开→电动机 M 停转。

## 任务二　时间继电器控制电动机星三角启动电路的安装与调试

### ■ 任务资讯

时间控制的电动机星三角启动电路设计。

电动机星三角启动转换时间是由负载大小决定的，小负载的转换运行时间短一点，约为 5 s，大负载为 8 ~ 12 s，甚至更长。按钮控制电动机星三角启动是一种手动控制方式，人为影响比较大。时间继电器控制电动机星三角启动可以根据设定的时间实现自动转换，控制精确，应用较广泛。

利用时间继电器对按钮控制的电动机星三角启动电路进行改造，步骤如下：

**1. 主电路**

主电路中 KM1 和 KMY 主触点共同实现电动机三相绕组的星形连接，KM1 和 KM△主触点共同实现电动机三相绕组的三角形连接，与按钮控制的星三角启动主电路相同。

**2. 控制电路**

将按钮控制电路中起 Y－△转换功能的按钮 SB3 用通电延时继电器 KT 代替，保证启动时 KM1、KT 和 KMY 线圈都得电，KM△线圈失电，电动机星形启动；当 KT 计时到点后，KM1 和 KM△线圈失电，KT 和 KMY 线圈失电，电动机三角形全压运行。

将 KT 常闭触点（通电延时断开）与 KMY 线圈回路串联，KT 常开触点（通电延时闭合）与 KM△线圈回路串联。改造设计的电路如图 4-8 所示。

时间继电器控制星三角降压启动

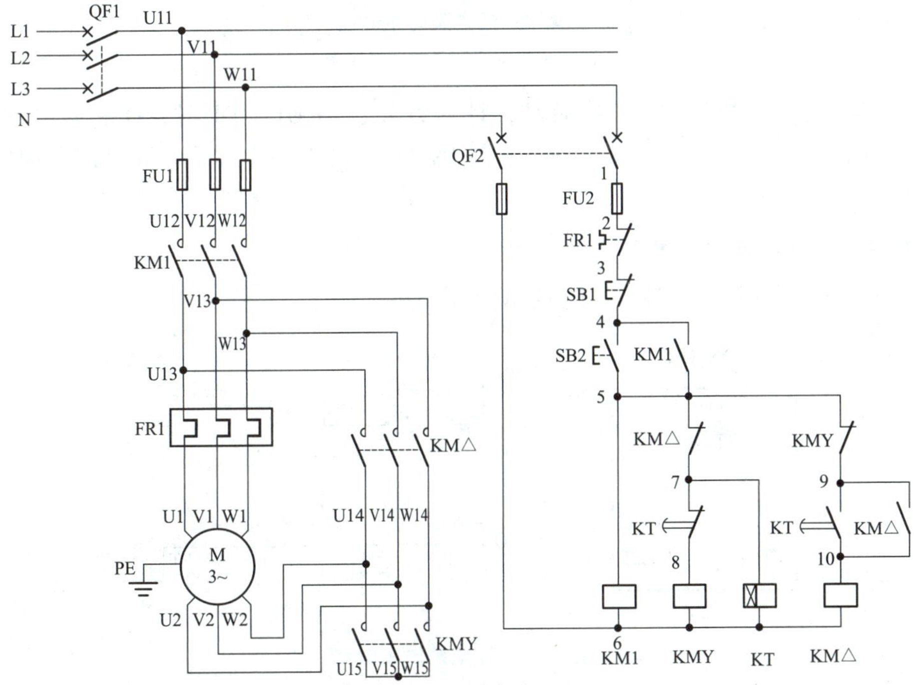


图 4-8　时间控制的电动机星三角启动电路

# 任务三 PLC控制电动机星三角启动线路的装调

## ■ 任务资讯

S7-1200 PLC 定时器主要有 4 种：

TP（脉冲定时器）：可生成具有预设宽度时间的脉冲；

TON（通电延时定时器）：输出 Q 在预设的延时过后设置为 ON；

TOF（断电延时定时器）：输出 Q 在预设的延时过后重置为 OFF；

TONR（保持型通电延时定时器）：输出 Q 在预设的延时过后设置为 ON，必须通过 R 来重置定时器，在使用 R 之前，多个定时时段会一直累加。

此外，还包含复位定时器（RT）和加载持续时间（PT）这两个指令。

### 1. 通电延时定时器（TON）

梯形图中符号及时序图如图 4-9 所示。

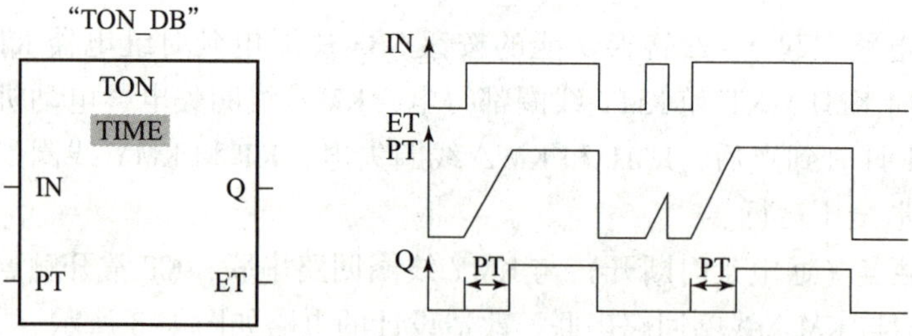


（a）　　（b）

图 4-9　通电延时定时器

（a）梯形图符号；（b）时序图

IN 从“0”变成“1”，定时器启动，计时开始；当 ET = PT 时，Q 立即输出“1”，ET 立即停止计时并保持；在任意时刻，只要 IN 变成“0”，ET 立即停止计时并回到 0，Q 输出“0”。

### 2. 断电延时定时器（TOF）

梯形图中符号及时序图如图 4-10 所示。

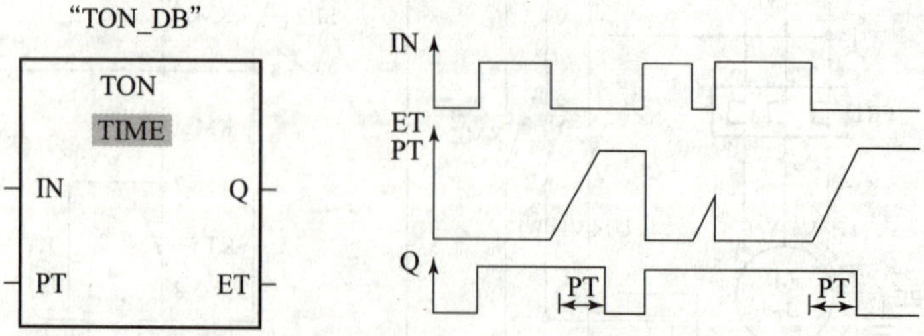


（a）　　（b）

图 4-10　断电延时定时器

（a）梯形图符号；（b）时序图

只要 IN 为“1”时，Q 即输出为“1”；IN 从“1”变为“0”时，定时器启动，计时开始；当 ET = PT 时，Q 立即输出“0”，ET 立即停止计时并保持。在任意时刻，只要 IN 变为“1”，ET 立即停止计时并回到 0。

### 3. 用定时器指令实现电动机星三角降压启动控制

控制要求：启动时电动机为星形，8 s 后切换为三角形，星三角之间设置互锁，设置过载保护等环节。

功能分析及 I/O 分配：电路中需要启动按钮和停止按钮，需要三个接触器来控制电路接通以及星形三角形连接，从电路保护的角度还需要热继电器等。分配的 I/O 如表 4-1 所示。

表 4-1　星三角启动控制的 I/O 分配

| 序号 | 名称 | 地址 |
|---|---|---|
| 1 | 启动按钮 | I0. 0 |
| 2 | 停止按钮 | I0. 1 |
| 3 | 接触器 KM | Q0. 0 |
| 4 | 接触器星 | Q0. 1 |
| 5 | 接触器三角 | Q0. 2 |
| 6 | 热继电器 | I0. 2 |

星三角启动 PLC 梯形图如图 4-11 所示。

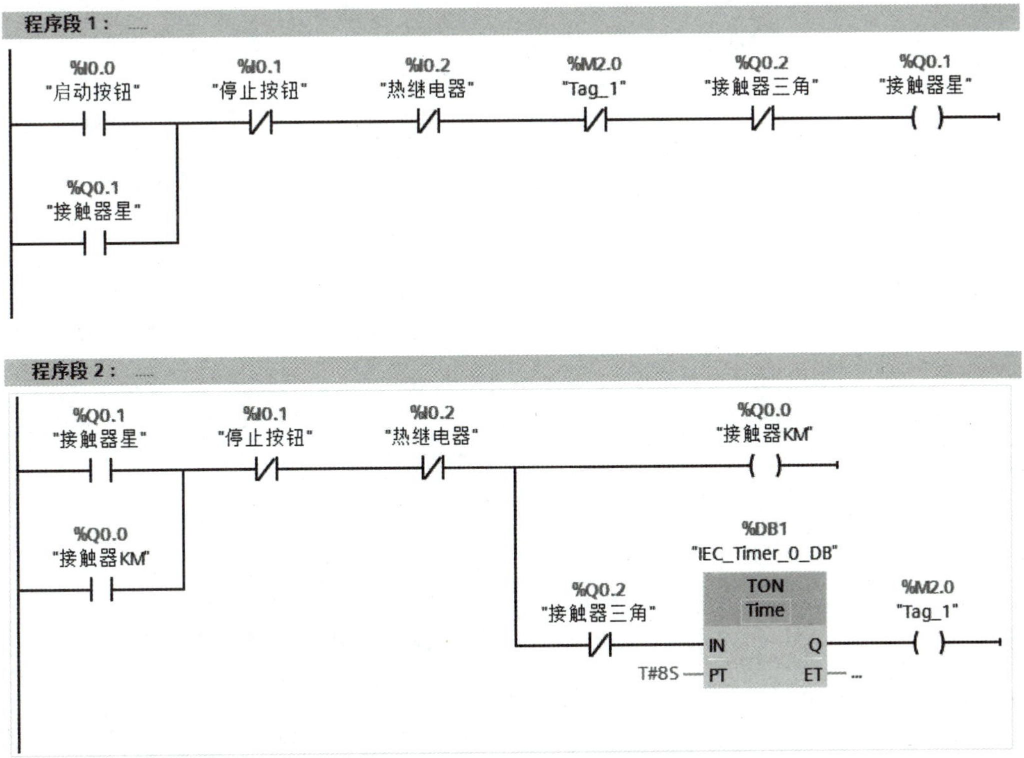


图 4-11　星三角启动 PLC 梯形图

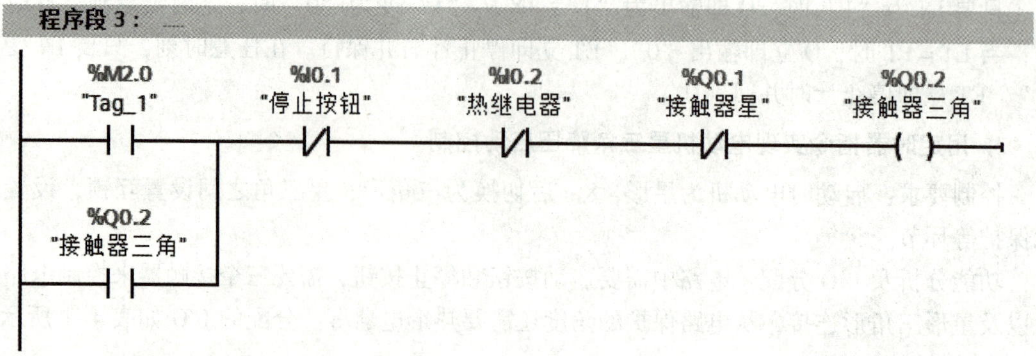


图 4-11 星三角启动 PLC 梯形图（续）

# 项目五

## 三台泵电气控制线路的安装与调试

### 项目介绍

随着社会的发展，城市高层建筑越来越多，曾造成严重的供水问题，主要是因为不同楼层的压力波动造成供水障碍，故恒压供水系统应运而生，即系统根据用水量实时调整进入工作的水泵数量，从而保持管网压力的恒定。水泵是由电动机控制的，一般的控制策略是顺序启动、逆序停止。

三台泵恒压供水系统

电动机的顺序启动在机床中应用也较多，例如，磨床要求先启动润滑油泵，再启动主轴电动机；铣床主轴旋转后工作台才能移动；龙门刨床工作台移动前，要先启动导轨润滑油泵等。

电动机的多地控制应用也很广泛，例如，电梯控制、工厂的行车控制、机床控制等。如在配电室（动力柜、箱）、操作室（控制台）与现场（机床电动机旁），要求都能控制电动机等。

本项目是要求同学们明确控制要求，并能对电气图进行设计，最终根据电气图进行安装与调试。

## 学有所获

| 序号 | 学习效果 | 知识目标 | 能力目标 |
|---|---|---|---|
| 1 | 掌握电气图的设计技巧 | √ | |
| 2 | 掌握电动机多地控制的实现原理 | √ | |
| 3 | 掌握电动机顺序启动、逆序停止控制的工作过程 | √ | |
| 4 | 掌握接线与排故的技巧 | √ | |
| 5 | 能熟练使用常用的电工工具 | | √ |
| 6 | 能熟练对电动机多地控制进行设计、安装与调试 | | √ |
| 7 | 能熟练对电动机顺序启动、逆序停止进行设计、安装与调试 | | √ |
| 8 | 能快速找出电动机多地控制、顺序启动、逆序停止过程中出现的故障点并独立排除 | | √ |

## 任务一　电动机两地控制线路的安装与调试

### ■ 任务资讯

**电动机多地控制电路的设计如下。**

多地控制是指能在两地及以上控制同一台电动机的工作方式，包括多地启动和多地停止。电动机多地控制广泛应用于工业生产线或加工设备，不同角色的人可以在不同的地方实现相同功能的控制，例如配电室、操作室和设备现场等，方便操作，提高了工作效率，也有利于安全（例如急停按钮的多地控制）。

控制要求：实现同一台电动机的三地启动和停止功能。

设计过程：

（1）器件选择：三地启动采用三个按钮的常开触点，三地停止采用另外三个按钮的常闭触点。

（2）电路构思：三地启动意味着三个启动按钮的功能对等、相互独立，彼此之间应该采用并联；三地停止意味着三个停止按钮之间也是相互独立的，所以彼此之间应该采用串联。

（3）绘制电路图：三地启动、停止同一台电动机的控制电路如图 5-1 所示。

将图 5-2 中各按钮分别安装在不同的地方，即可进行多地操作。SB2、SB3、SB4 均为启动按钮，SB1、SB5、SB6 均为停止按钮。

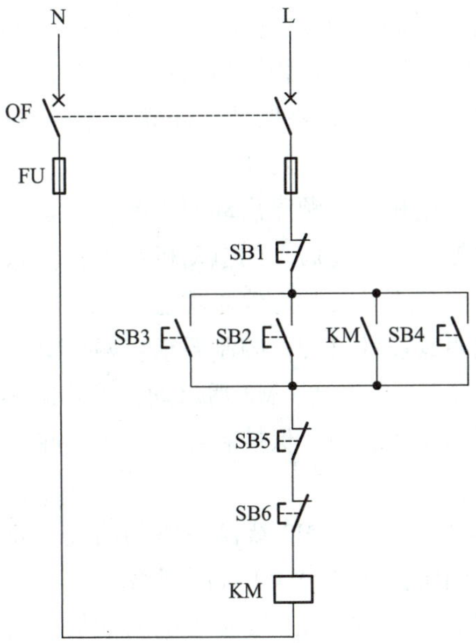


图 5-1　三地启动、停止同一台电动机的控制电路

## 任务二　电动机顺序启动、逆序停止控制电路的安装与调试

### ■ 任务资讯

**电动机顺序启动、逆序停止控制电路的设计如下。**

电动机顺序启动、逆序停止控制应用于机床的实例较多，例如，在 X62W 型万能铣床上，为了防止铣刀被工件打坏，要求主轴电动机启动后进给电动机才能启动，但是，为了降低加工表面的表面粗糙度，要求只有进给电动机停止后主轴电动机才能停止。

企业中经常采用多级传送带实现物料的传输，如图 5-2 所示。启动时先启动最末一条皮带电动机 M4，以防上次断电后有物料残留在传送带上，然后再依次启动其他皮带电动机 M3、M2、M1；停止时先停止最前一条皮带电动机 M1，待物料运送完毕后再依次停止其他皮带电动机 M2、M3、M4。

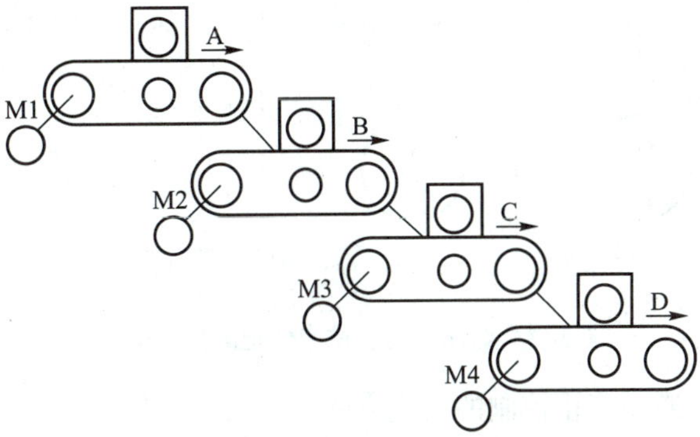


图 5-2　多级传送带传输物料

顺序启动控制：多台电动机的启动必须按一定的先后顺序来完成的控制方式。控制规则：如果设计先启动的电动机没有运转，设计后启动的电动机绝对运转不了，即先启动的电动机运转是后启动电动机实现运转的必要条件，即除了第一台电动机具备独立启动的功能外，后启动的电动机都不具备独立启动的功能。

逆序停止控制：逆序停止是相对于顺序启动而言的，就是采用与启动时相反的顺序停止电动机，即后启动的电动机先停止，先启动的电动机后停止。除了最后一台电动机具备独立停止的功能外，前面的电动机都不具备独立停止功能。

以两台电动机为例，说明其设计过程。控制要求：两台电动机 M1、M2 分别由交流接触器 KM1 和 KM2 控制，启动时 M1 先启动，M2 后启动；停止时 M2 先停止，M1 后停止。

设计思路：每台电动机都需要启动、保持和停止，所以在电动机连续运行控制电路的基础上增加顺启、逆停的功能。

（1）顺序启动，KM1 线圈得电是 KM2 线圈得电的前提，将 KM1 辅助常开触点与 KM2 的启动按钮串联，再与 KM2 线圈回路相连。

（2）逆序停止，KM2 线圈失电是 KM1 线圈失电的前提，将 KM2 辅助常开触点与 KM1 的停止按钮并联，再与 KM1 线圈回路相连。

（3）绘制电路图，顺序启动、逆序停止的控制电路如图 5-3 所示。

电动机顺序启动、逆序停止控制

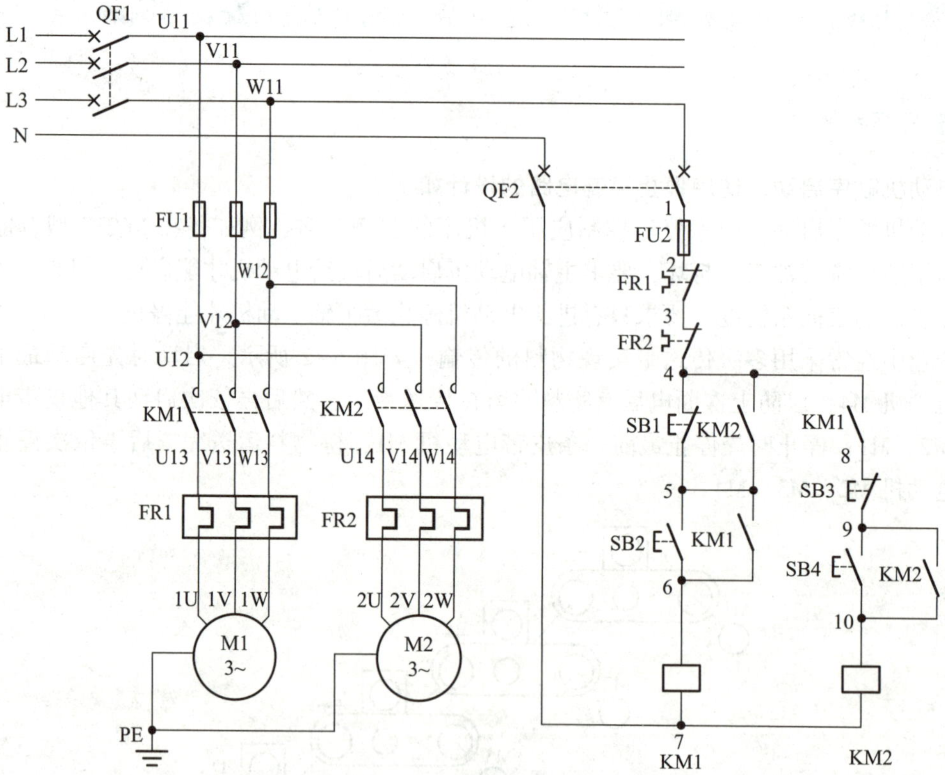


图 5-3　顺序启动、逆序停止的控制电路

电动机顺序启动、逆序停止控制的实现方式除了可以用按钮手动控制外，还可以用时间继电器的通电延时和断电延时功能来实现自动控制。

电动机顺序启动、逆序停止可以实现三台泵恒压供水系统的工作。控制目标：根据用水量实时调整进入工作的水泵数量，从而保持管网压力的基本恒定。

（1）随着用水量的增长顺序启动，只有一台水泵电动机能独立启动（第一台）；当第一台水泵工作不能满足管网的压力要求时，启动第二台电动机，两台水泵一起工作；如果还不能满足，则启动第三台电动机，三台水泵一起工作。

（2）随着用水量的下降逆序停止，只有一台水泵电动机能独立停止（第三台），当用水量下降到一定程度时，停止第三台电动机，前两台水泵一起工作；如果用水量进一步下降，则停止第二台电动机，第一台水泵工作；如果管网出现无须供水时，则停止第一台电动机，最终三台水泵全部停止。

三台泵电动机控制电路如图 5-4 所示。

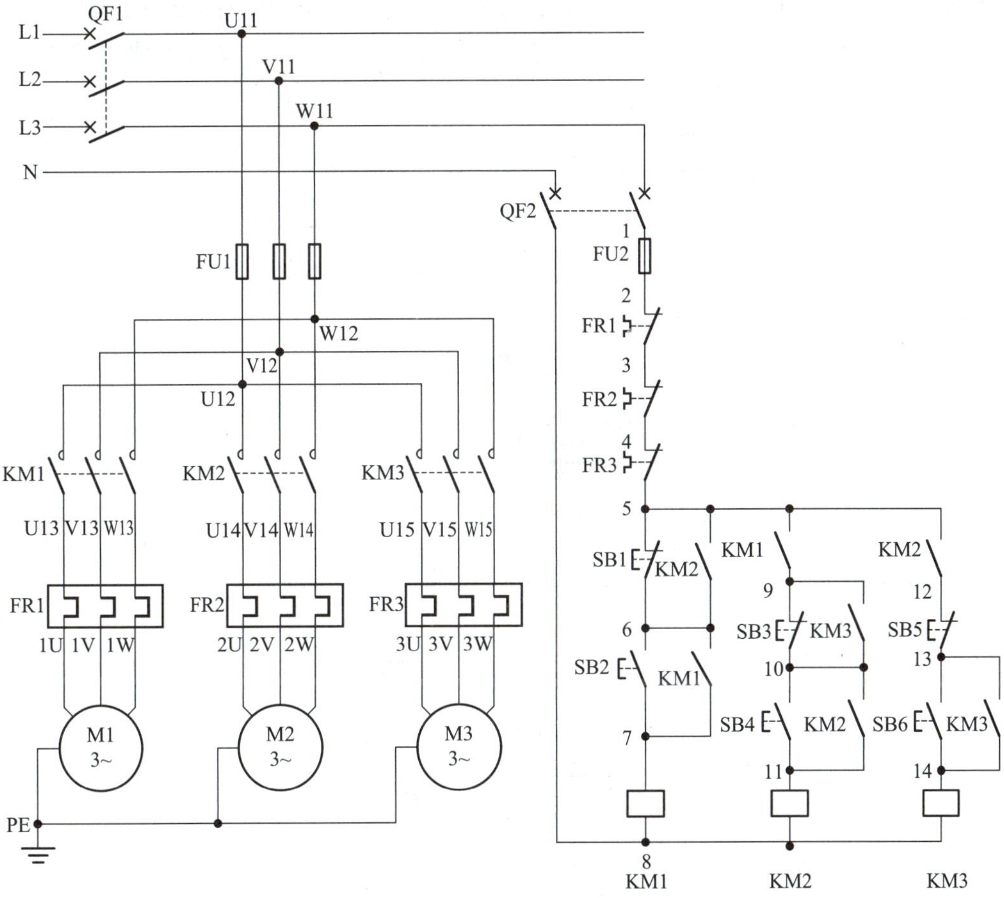


图 5-4　三台泵电动机控制电路

电动机的工作过程如下：

合上开关 QF1、QF2→按下按钮 SB2→接触器 KM1 线圈通电→KM1 主触点闭合，KM1 辅助常开触点闭合自锁→电动机 M1 启动并连续运行→按下按钮 SB4→接触器 KM2 线圈通电→KM2 主触点闭合，KM2 辅助常开触点闭合自锁，且将按钮 SB1 短路→电动机 M2 启动并连续运行→按下按钮 SB6→接触器 KM3 线圈通电→KM3 主触点闭合，KM3 辅助常开触点闭合自锁，且将按钮 SB3 短路→电动机 M3 启动并连续运行。

按下按钮 SB5→接触器 KM3 线圈断电→KM3 主触点断开，KM3 辅助常开触点复位→电动机 M3 停转→按下按钮 SB3→接触器 KM2 线圈断电→KM2 主触点断开，KM2 辅助常开触点复位→电动机 M2 停转→按下按钮 SB1→接触器 KM1 线圈断电→KM1 主触点断开，KM1 辅助常开触点复位→电动机 M1 停转。

## 任务三　PLC 控制三台泵电动机顺序运行的装调

### ■ 任务资讯

**顺序功能图与顺序控制设计法如下。**

顺序功能图属于 IEC 的 PLC 编程语言，是用来描述控制系统的控制过程、功能和特性的一种图形，主要由步、有向连接、转换、转换条件和动作（或命令）组成。例如，组合机床动力头的顺序功能图如图 5-5 所示。

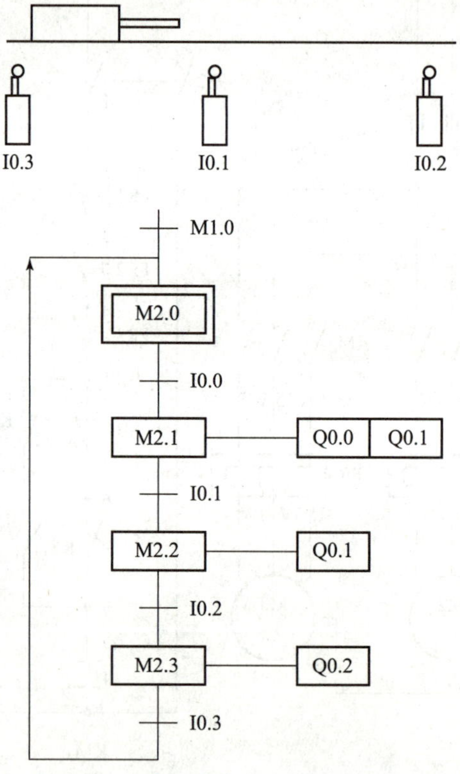


图 5-5　组合机床动力头的顺序功能图

I0. 0—启动，快速移动；I0. 1—触发后，进入工速；I0. 2—触发后，退回起点；I0. 3—触发后，停止

#### 1. 步与动作

将系统的一个工作周期划分为若干个顺序相连的阶段，这些阶段叫作步（Step），用矩形框表示，框内显示各步编号，一般用该步的控制位（位存储器 M，顺序控制继电器 S）来代表各步。步是根据输出量的状态变化来划分的，同一步的输出量状态不变，不同步的输出量状态也不同。初始步：与系统初始状态对应的步，用双矩形框表示，初始步必不可少。活动步：系统正处于某一步所在的阶段时，该步称为“活动步”。

每一步的输出即为步对应的“动作”或命令，用矩形框表示，与对应的步相连。

**2. 有向连线、转换及转换条件**

将代表各步的方框按它们成为活动步的先后次序排列，步与步之间用有向连线来连接。活动状态的进展方向习惯上是从上到下或从左至右，箭头省略，如果不是上述方向，则应在有向连线上用箭头注明方向。

转换用与有向连线垂直的短线表示，转换将相邻两步隔开。

转换条件：系统由当前步进入下一步的逻辑条件，标注在转换符号的旁边，可以由按钮、开关、T、C、信号组合等组成。

**3. 顺序功能图的基本结构**

基本结构如图 5-6 所示。单序列顺序功能图每步的后面仅有一个转换，每一个转换的后面也只有一步。选择序列和并行序列的共同点是都有分支和合并，不同点是选择序列的分支不能同时执行，只能选择某一分支成为活动步，各分支之间应该互锁；并行序列的首步同时被激活变成活动步，用双线表示，以示区别。

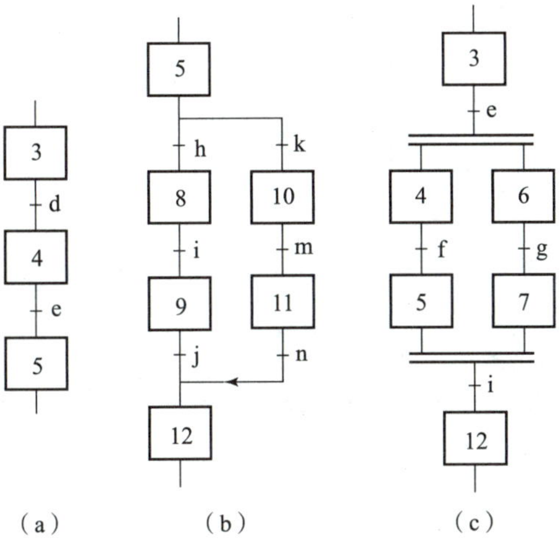


图 5-6　顺序功能图的基本结构

（a）单序列；（b）选择序列；（c）并行序列

**4. 绘制顺序功能图的注意事项**

（1）两步不能直接相连，必须用一个转换将它们隔开。

（2）初始步一般对应于系统等待启动的初始状态，不能遗漏。

（3）由步和有向连线组成的闭环回路，即完成一个工作周期的全部操作之后，应该返回到初始步或下一工作周期开始运行的第一步。

（4）只有当某一步的前级步是活动步时，该步才有可能变成活动步。

**5. 顺序控制设计法**

按照生产工艺预先规定的顺序，在各个输入信号的作用下，根据内部状态和实践的顺序，在生产过程中各个执行机构自动有秩序地进行操作。使用顺序控制设计法首先根据系统的工艺过程画出顺序功能图，然后根据顺序功能图编写梯形图程序。

根据顺序功能图编写梯形图程序可以采用“起保停”电路的编程方式（简单顺序功能

图），也可以使用“以转换为中心”的编程方式（复杂顺序功能图），即使用置位（SET）和复位（RST）指令的编程方式。

起保停编程方式仅仅使用与触点和线圈有关的指令，无须编程元件做中间环节，且与传统继电器控制电路基本类似，因此得到了广泛应用。“起”：将前级步的常开触点与转换条件串联作为该步变为活动步的启动条件；“保”：前级步常开触点与转换条件串联的整体与此步的常开触点并联形成“自锁”；“停”：“起”与“保”并联后与后续步的常闭触点串联构成停止的条件。根据组合机床动力头的顺序功能图编写的 PLC 梯形图如图 5-7 所示。

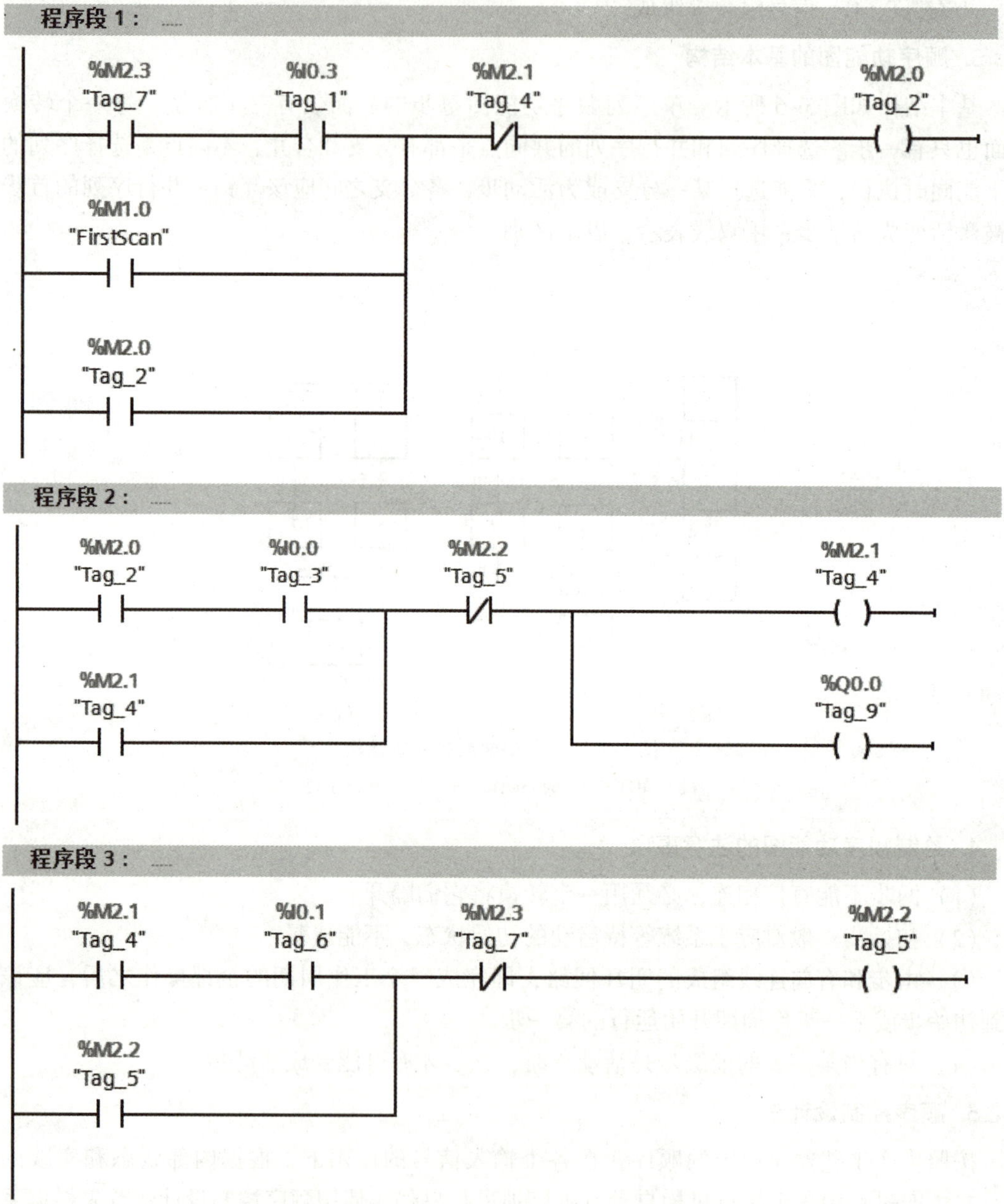


图 5-7　组合机床动力头控制系统的梯形图程序

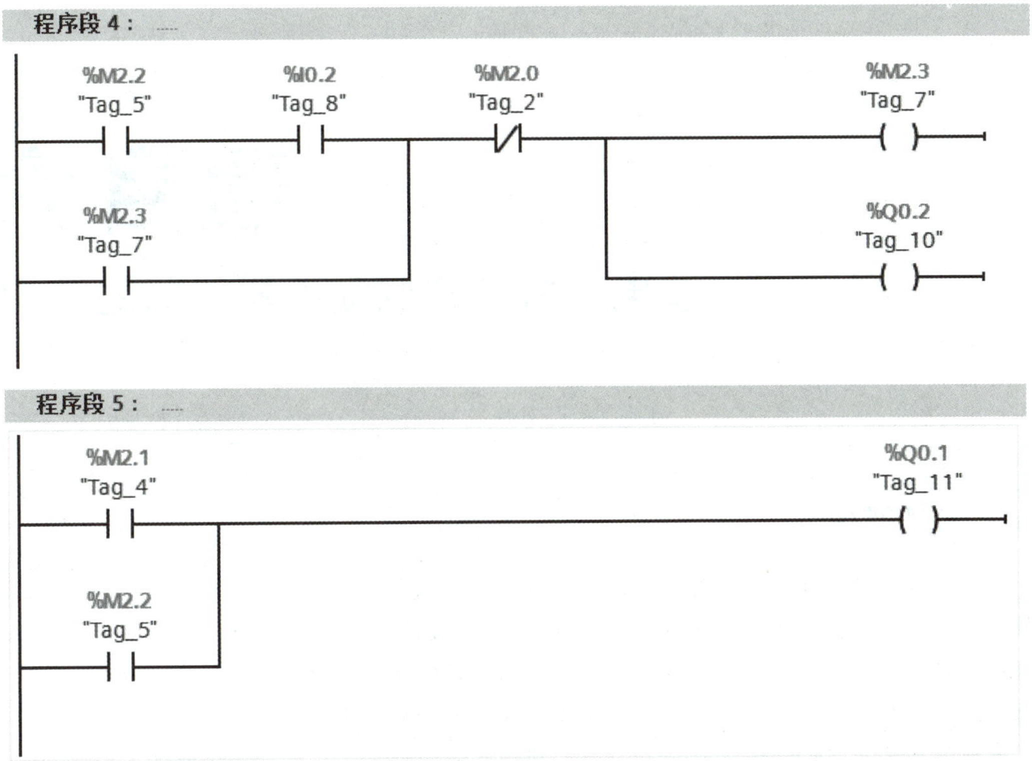


图 5-7　组合机床动力头控制系统的梯形图程序（续）

# 项目六

## 三相异步电动机能耗制动控制线路的装调

### 项目介绍

对于功率较大的三相异步电动机，从切断电源到完全停止，由于惯性的作用，总要经过一段时间才能完成。这往往不能适应某些生产机械的工艺要求。例如，万能铣床、卧式镗床、组合机床以及桥式起重机小车的行走、吊钩的升降等。无论是从提高生产效率，还是从安装及准确停车等方面考虑，都要求电动机能够迅速停车、迅速制动。

本项目要求同学们能完成该任务的生产实践资料的查询，掌握能耗制动的工作原理，并能够对三相交流异步电动机能耗制动电路进行安装与调试；做好准备、装调、检查等工作过程记录，认真进行项目评价。

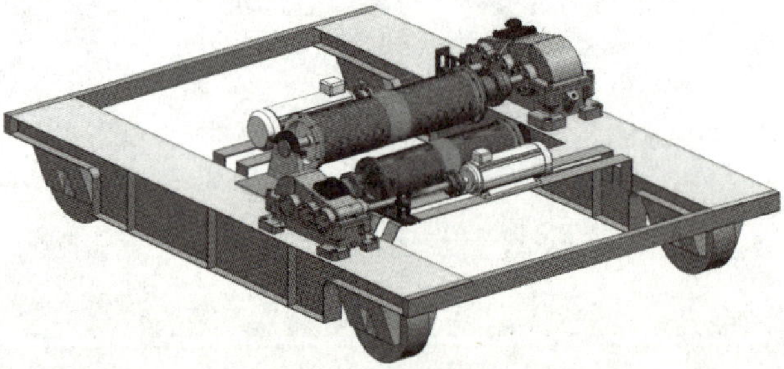

### 学有所获

| 序号 | 学习效果 | 知识目标 | 能力目标 |
|---|---|---|---|
| 1 | 掌握整流电路的工作原理 | √ | |
| 2 | 掌握速度继电器、整流器的原理及接线 | √ | |
| 3 | 三相异步电动机能耗制动电气图的识读 | √ | |
| 4 | 能熟练绘制三相异步电动机能耗制动布局图、接线图 | | √ |
| 5 | 能对三相异步电动机能耗制动电路进行规范接线及故障检测 | | √ |
| 6 | 能规范地对电气线路进行接线与调试 | | √ |

# 任务一　三相异步电动机能耗制动控制线路的装调

## ■ 任务资讯

### 一、整流电路

#### 1. 单向半波整流电路

利用具有单向导电性能的整流元件如二极管等，将交流电转换成单向脉动直流电的电路称为整流电路，如图 6-1 所示。

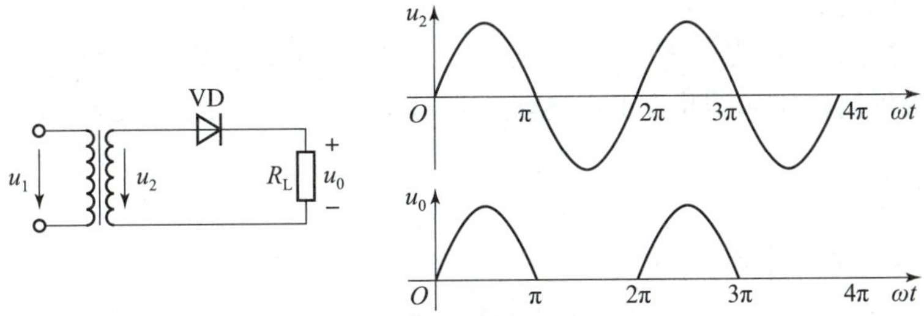


图 6-1　单向半波整流电路

当 $u_2$ 为正半周时，二极管 VD 承受正向电压而导通，此时有电流流过负载，并且和二极管上的电流相等，即 $i_0=i_D$。忽略二极管的电压降，则负载两端的输出电压等于变压器副边电压，即 $u_0=u_2$，输出电压 $u_0$ 的波形与 $u_2$ 相同。

当 $u_2$ 为负半周时，二极管 VD 承受反向电压而截止，此时负载上无电流流过，输出电压 $u_0=0$，变压器副边电压 $u_2$ 全部加在二极管 VD 上。单相半波整流电压的平均值为

$$U_0=\frac{1}{2\pi}\int_0^{\pi}\sqrt{2}\sin\omega t\mathrm{d}(\omega t)=\frac{\sqrt{2}}{\pi}U_2=0.45U_2 \tag{6-1}$$

流过负载电阻 $R_L$ 的电流平均值为

$$I_0=\frac{U_0}{R_L}=0.45\frac{U_2}{R_L} \tag{6-2}$$

流经二极管的电流平均值与负载电流平均值相等，即

$$I_D=I_0=0.45\frac{U_2}{R_L} \tag{6-3}$$

二极管截止时承受的最高反向电压为 $u_2$ 的最大值，即

$$U_{RM}=U_{2M}=\sqrt{2}U_2 \tag{6-4}$$

#### 2. 全波整流电路

全波整流电路是能够把交流转换成单一方向电流的电路。全波整流使交流电的两半周期都得到了利用。在半个周期内，电流流过一个整流器件（比如晶体二极管），而在另一个半

项目六　三相异步电动机能耗制动控制线路的装调

周内，电流流经第二个整流器件，并且两个整流器件的连接能使流经它们的电流以同一方向流过负载。无论是正半周还是负半周，通过负载电阻的电流方向总是相同的，这就提高了整流器的效率，并使已整电流易于平滑。因此在整流器中广泛地应用着全波整流。

如图6-2所示，$u_2$ 为正半周时，$a$ 点电位高于 $b$ 点电位，二极管VD1、VD3承受正向电压而导通，VD2、VD4承受反向电压而截止，此时电流的路径为 $a \to$ VD1$\to R_L \to$VD3$\to b$。

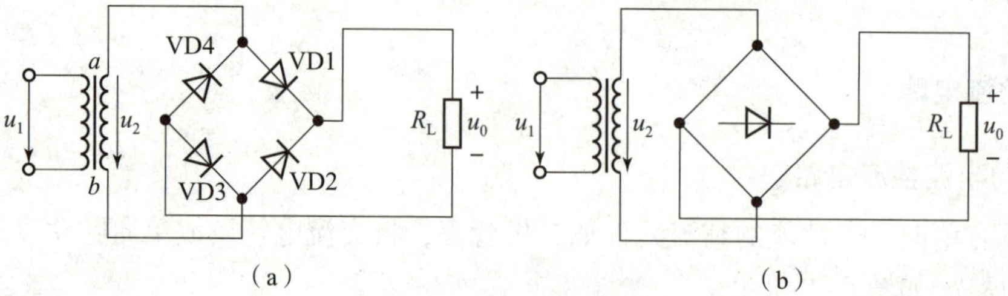


图6-2　单向全波整流电路

$u_2$ 为负半周时，$b$ 点电位高于 $a$ 点电位，二极管VD2、VD4承受正向电压而导通，VD1、VD3承受反向电压而截止，此时电流的路径为 $b \to$ VD2$\to R_L \to$VD4$\to a$。输出整流波形如图6-3所示。

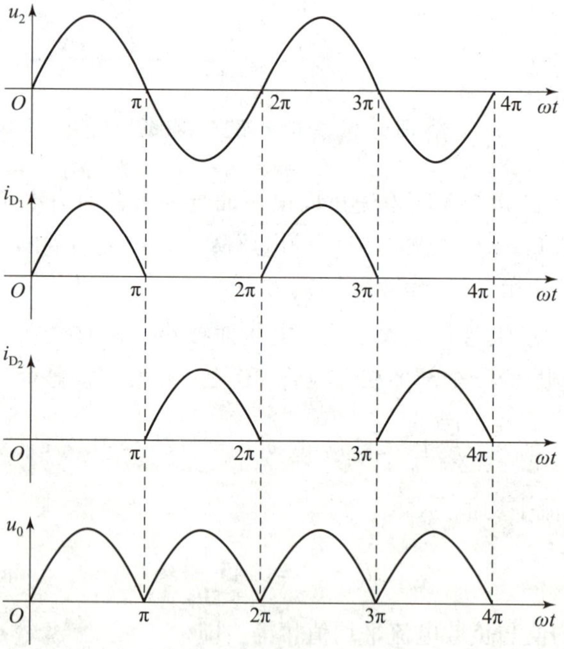


图6-3　单向全波整流波形

单相全波整流电压的平均值为

$$U_0 = \frac{1}{\pi}\int_0^{\pi}\sqrt{2}U_2\sin\omega t\,\mathrm{d}(\omega t) = 2\frac{\sqrt{2}}{\pi}U_2 = 0.9U_2 \tag{6-5}$$

流过负载电阻 $R_L$ 的电流平均值为

$$I_0 = \frac{U_0}{R_L} = 0.9\frac{U_2}{R_L} \tag{6-6}$$

流经每个二极管的电流的平均值为负载电流的一半，即

$$I_D = \frac{1}{2}I_0 = 0.45\frac{U_2}{R_L} \tag{6-7}$$

每个二极管在截止时承受的最高反向电压为 $u_2$ 的最大值，即

$$U_{RM} = U_{2M} = \sqrt{2}U_2 \tag{6-8}$$

### 3. 整流桥

整流桥就是将整流管封在一个壳内，分全桥和半桥。全桥是将连接好的桥式整流电路按桥式全波整流电路的形式连接并封装为一体构成的；半桥是将两个二极管桥式整流的一半封在一起，用两个半桥可组成一个桥式整流电路。整流桥一般用在全波整流电路中。整流桥及其接线方式如图 6-4 所示。

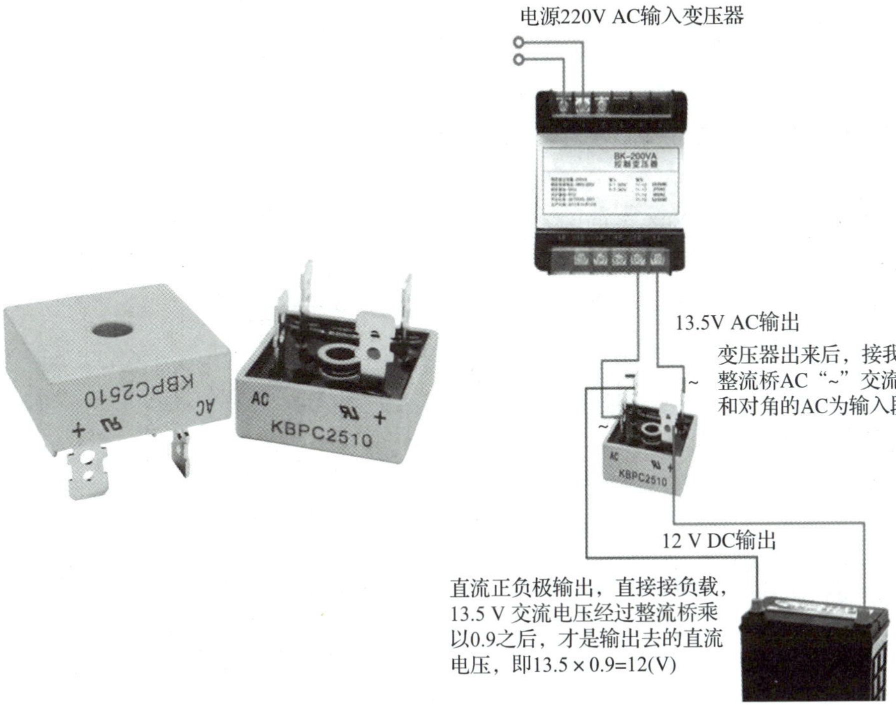


图 6-4　整流桥及接线方式

## 二、变压器

### 1. 变压器的工作原理

图 6-5 所示为单相变压器的原理图，与电源相连的称为一次绕组（又称原边绕组），与负载相连的称为二次绕组（又称副边绕组）。一次绕组、二次绕组的匝数分别为 $N_1$、$N_2$。当变压器的一次绕组接上交流电压 $\dot{U}_1$ 时，一次绕组中便有电流 $\dot{I}_1$。通过电流 $\dot{I}_1$ 在铁芯中产生闭合磁通 $\Phi$，磁通 $\Phi$ 随 $\dot{I}_1$ 的变化而变化，从而在二次绕组中产生感应电动势。如果二次绕组接有负载，则在二次绕组和负载组成的回路中有负载电流产生。

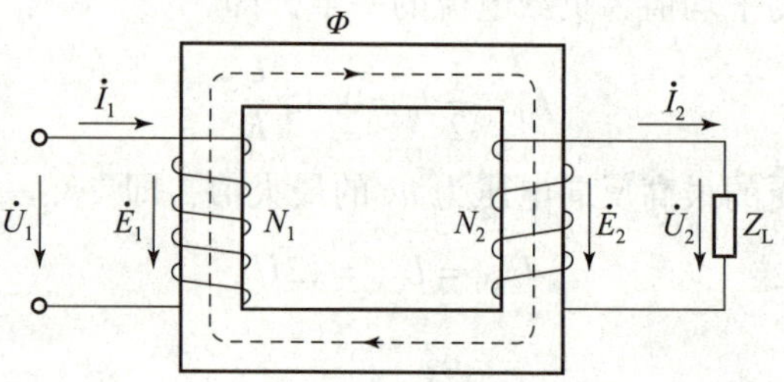


图 6-5　单相变压器

变压器中一、二次绕组的电压之比为变压器的电压比，即

$$\frac{U_1}{U_2}\approx\frac{E_1}{E_2}=\frac{N_1}{N_2}=k \tag{6-9}$$

变压器中一、二次绕组的电流之比为

$$\frac{I_1}{I_2}\approx\frac{N_2}{N_1}=\frac{1}{k} \tag{6-10}$$

变压器二次绕组上的阻抗与一次绕组的等效阻抗之比为

$$|Z'|=k^2|Z_L| \tag{6-11}$$

变压器负载与二次绕组的关系如图 6-6 所示。

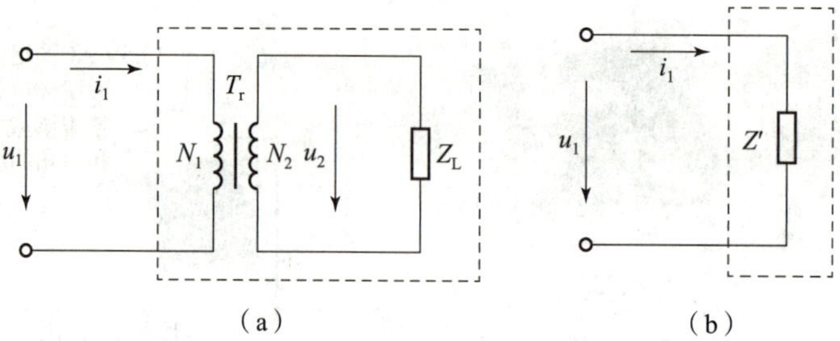


图 6-6　变压器负载与二次绕组之间的关系

理想变压器原、副线圈的功率相等，即 $P_1=P_2$，说明理想变压器本身无功率损耗。实际变压器总存在损耗，其效率为 $\eta=\frac{P_2}{P_1}$。电力变压器的效率很高，可达 90% 以上。

**2. 变压器的选型**

1）变压器的分类

变压器按相数分为单相变压器和三相变压器，按冷却方式分为干式变压器、油浸式变压器，按用途分为电力变压器、仪用变压器、试验变压器和特种变压器，按绕组形式分为双绕组变压器、三绕组变压器和自耦变电器。图 6-7 所示为控制变压器。

2）变压器的型号及含义

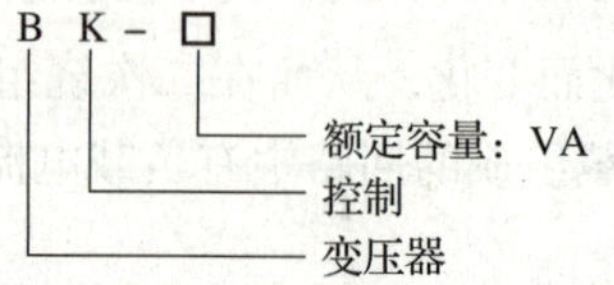

图 6–7　控制变压器

3）变压器的结构型式

变压器按照其容量、电压的不同分成各种不同的规格，但均为单相多绕组，初、次级互耦分开绕制的变压器。当初、次级只有一个绕组时，可担负全部额定容量；若有多个绕组，则各绕组应该承担给定的容量，但各绕组的容量之和不得超过总容量，如图 6–8 所示。

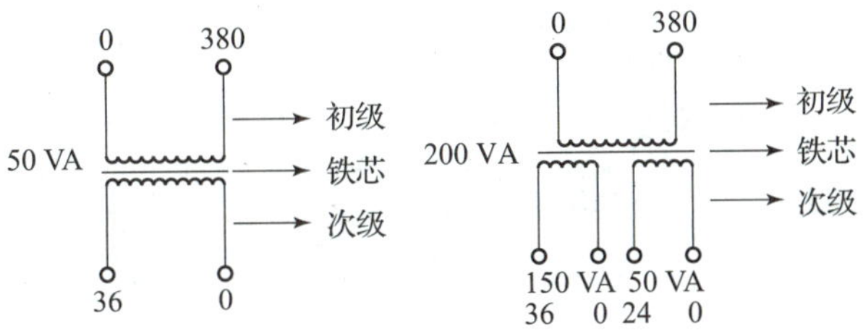


图 6–8　常见变压器的结构

## 三、三相异步电动机能耗制动控制的电气原理图

三相异步电动机能耗制动控制图如图 6–9 所示。

电动机工作过程：按下启动按钮 SB1，KM1 线圈得电，KM1 主触点闭合，电动机 M 运行；按下停止按钮 SB2，KM2 线圈得电，能耗制动线路启动，KT 线圈得电，经过设定时间后，KM2 线圈失电，电动机停止。

制动控制电路特点：

制动作用强弱与通入直流电流大小和电动机的转速有关，在同样的转速下电流越大，制动作用越强，电流一定时转速越高，制动力矩越大。一般取直流电流为电动机空载电流的3～4 倍，过大会使定子过热。可通过调节整流器输出端的可变电阻 $R$ 得到合适的制动电流。

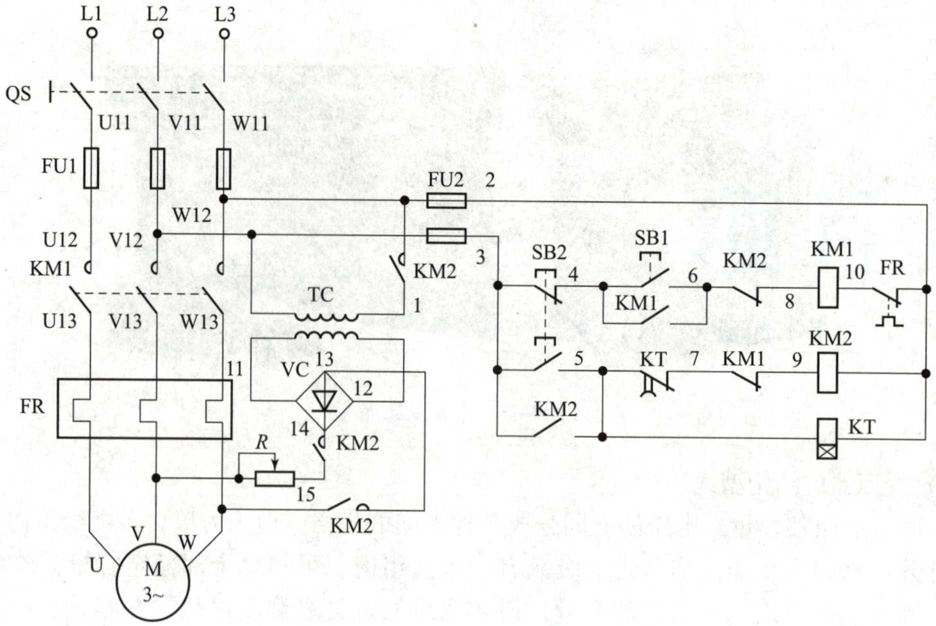


图 6-9　三相异步电动机能耗制动控制图

# 项目七

## 双速异步电动机变速控制线路的安装与调试

### 项目介绍

变极多速异步电动机可根据负载情况实现有级变速，从而达到功率的合理匹配以及变速系统的简化，堪称机械系统节约能耗的理想动力，在诸如机床、矿山、冶金、纺织、印染、化工、农机等工农业部门得到了广泛应用。

例如双速风机，平时作为通风机使用，风机以低速运行，一旦发生火灾，立刻切换到高速，作为消防排烟机使用；双速泵，平时作为生活用水供给泵，低速运行，一旦发生火灾，立刻切换到高速，作为消防加压水泵使用。

本项目要求同学们能够应用时间继电器实现双速电动机的自动变速，完成自动变速控制线路的安装与调试。通过本项目的学习，希望能有以下所获。

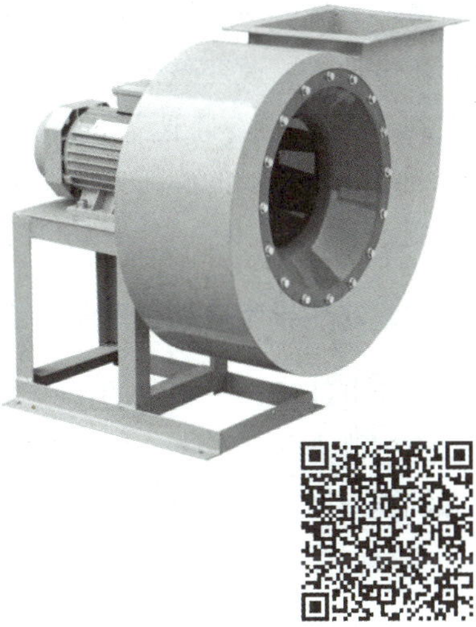

双速风机

### 学有所获

| 序号 | 学习效果 | 知识目标 | 能力目标 |
|---|---|---|---|
| 1 | 理解变磁极对数的调速原理 | √ | |
| 2 | 掌握双速电动机两种接法的电路参数 | √ | |
| 3 | 掌握断电延时继电器的接线技巧 | √ | |
| 4 | 会安装双速电动机控制电路 | | √ |
| 5 | 能分析测量数据并判断故障 | | √ |
| 6 | 会实施上电调试 | | √ |

# 任务一　按钮控制的双速异步电动机变速电路的安装与调试

## ■ 任务资讯

### 一、三相异步电动机的调速方法

由电动机原理可知，三相异步电动机的转速公式为

$$n = \frac{60f(1-S)}{p} \tag{7-1}$$

式中，$S$——转差率；

$f$——电源频率；

$p$——定子绕组的磁极对数。

由公式可知，改变异步电动机的转速可通过 3 种方法来实现：一是改变电源频率 $f$，二是改变转差率 $S$，三是改变磁极对数 $p$。

改变电源频率 $f$ 调速，即变频调速，可实现无级调速；改变转差率 $s$ 调速，仅限于绕线式异步电动机；改变磁极对数 $p$ 调速，磁极对数只能成对地改变，因而是有级调速，一般只能做到 2 速、3 速、4 速等。当利用磁极对数的变换对三相异步电动机进行调速时，由于改接后绕组旋转磁场的旋转方向不会改变，故在改变极数时应把接到电动机进线端子上的电源相序变一下。

### 二、双速异步电动机定子绕组的连接

双速电动机定子绕组的接线方式可以有两种：一种是绕组 Y 连接改为 YY 连接；另一种是△连接改为 YY 连接。两种方式都能使电动机的磁极对数减少 1/2，常用的是如图 7-1 所示的低速△连接到高速 YY 连接。

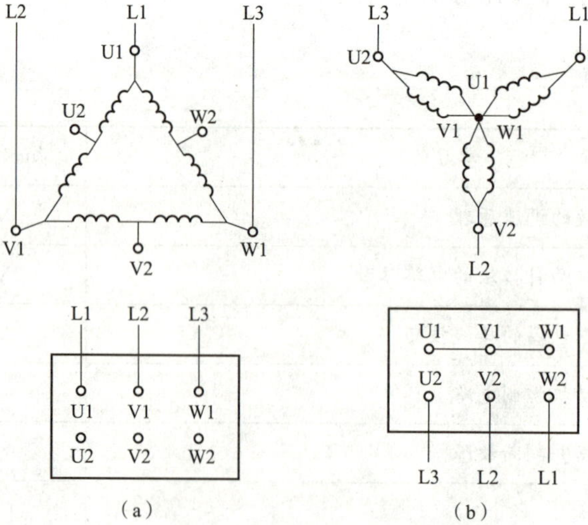


图 7-1　双速电动机定子绕组的连接

（a）低速△连接；（b）高速 YY 连接

电动机由 Y 连接改为 YY 连接，每相的绕组均由串联改为并联，这样使磁极对数减少了一半。电动机在变极调速后，其额定转矩基本保持不变，所以适用于拖动恒转矩性质的负载，例如起重机和皮带传输机等。

电动机由△连接改为 YY 连接，也使磁极对数减少了一半。变极调速后，电动机的额定功率基本上不变，但是额定转矩几乎要减小一半，所以这种接法适用于拖动恒功率性质的负载，如各种金属切削机床。

在图 7-1（a）中，三相电源分别接到接线端 U1、V1、W1，每相绕组的中点各引出一个出线端 U2、V2、W2（3 个出线端空着不接），构成△连接。在图 7-1（b）中，接线端 U1、V1、W1 相连接，U2、V2、W2 分别接三相电源，构成 YY 连接，此时电动机的转速接近于△连接时的两倍。

## 三、按钮控制的双速异步电动机电路分析

按钮控制的双速异步电动机的电气原理图如图 7-2 所示。

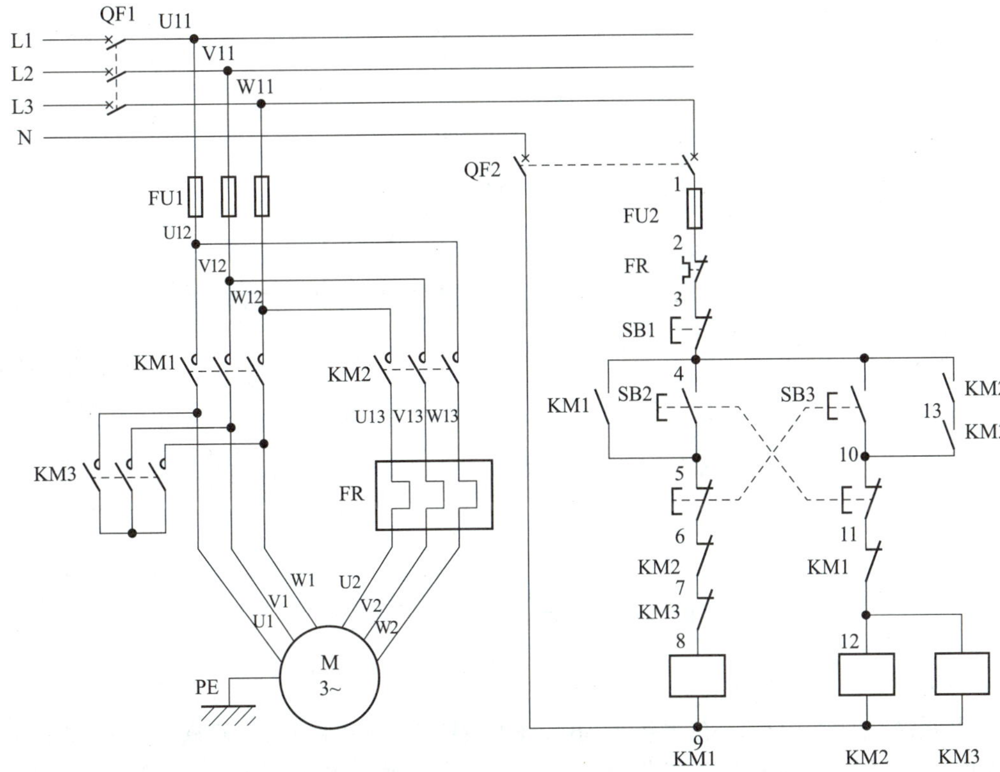


图 7-2　按钮（手动）控制的双速电动机电气原理图

电动机的工作过程如下：

合上断路器 QF1、QF2→按下按钮 SB2→KM1 线圈得电→KM1 辅助常闭触点先断开（电气互锁），然后主触点 KM1 闭合，辅助常开触点 KM1 闭合自锁→电动机 M 低速运行（定子绕组为△接法）。

按下按钮 SB3→KM1 线圈失电→KM1 触点复位→KM2、KM3 线圈得电→KM2、KM3 辅助常闭触点先断开（电气互锁），然后主触点 KM2、KM3 闭合，辅助常开触点 KM2、KM3

闭合自锁→电动机 M 高速运行（定子绕组为 YY 接法）。

停止：按下按钮 SB1→接触器 KM1、KM2、KM3 线圈都断电→接触器主触点均断开→电动机 M 停转。

## 任务二　自动控制的双速异步电动机变速电路的安装与调试

### ■ 任务资讯

**自动控制的双速异步电动机电路分析。**

自动控制的双速异步电动机的电气原理图如图 7-3 所示。

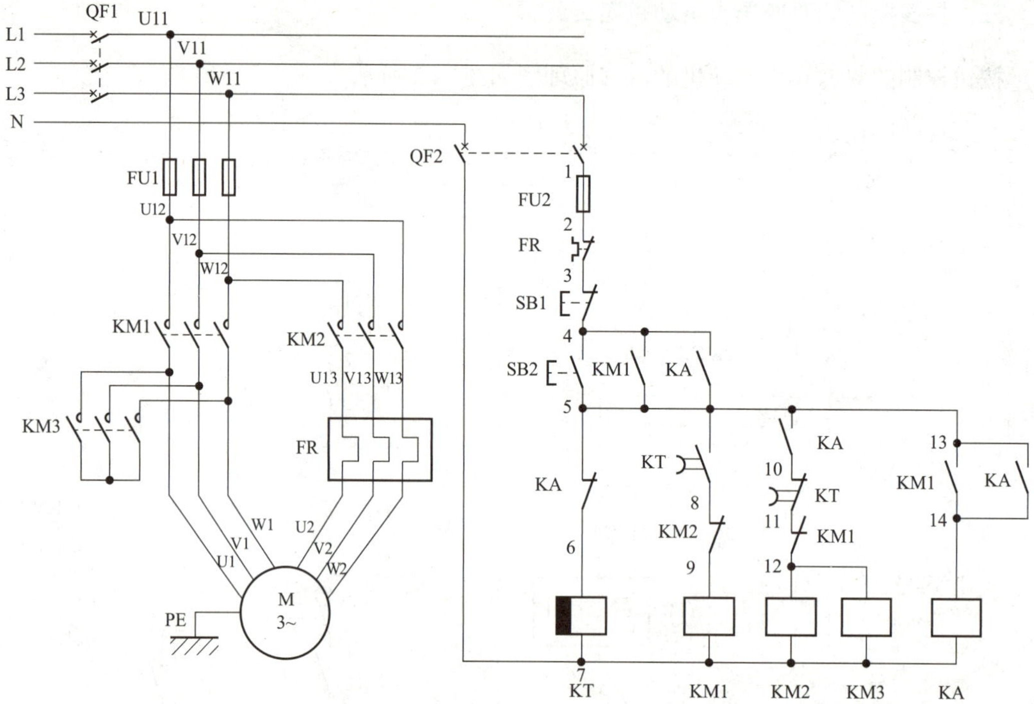


图 7-3　自动控制的双速电动机电路

电动机的工作过程如下：

合上断路器 QF1、QF2→按下按钮 SB2→KT 线圈得电→KT 触点立即转换（KT 常闭先断开，KT 常开后闭合）→KM1 线圈得电→KM1 辅助常闭触点先断开（电气互锁），然后主触点 KM1 闭合，辅助常开触点 KM1 闭合→电动机 M 低速运行（△接法），同时 KA 线圈得电→KA 触点转换→KT 线圈失电，断电延时计时开始→计时到点，KT 触点复位，KM1 线圈先断电，KM2、KM3 线圈后得电→KM2 辅助常闭触点先断开（电气互锁），然后主触点 KM2、KM3 闭合→电动机 M 高速运行（YY 接法）。

停止：按下按钮 SB1→接触器 KM1、KM2、KM3、KT、KA 线圈都断电→接触器主触点均断开→电动机 M 停转。

**1. 断电延时继电器的工作过程**

当断电延时继电器线圈得电时，常开和常闭触点马上动作，常闭触点先断开，常开触点后闭合（先常闭后常开）；当线圈失电时，时间继电器计时开始，时间到达设定值时，触点复位，常开触点由闭合恢复到断开，常闭触点由断开恢复到闭合（先常开后常闭）。

**2. 中间继电器**

中间继电器如图 7-4 所示。

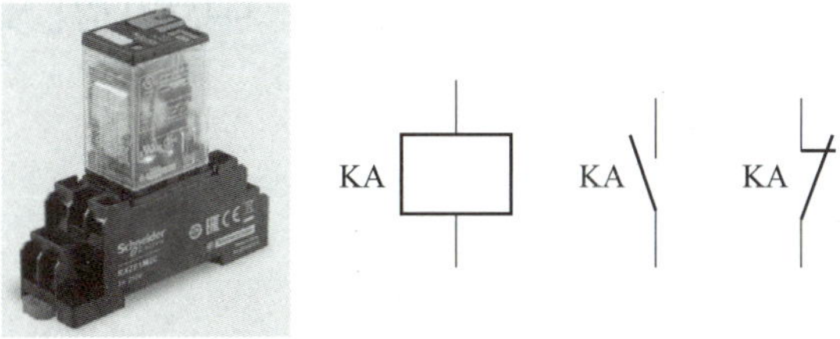


（a）　　　　　　（b）

图 7-4　中间继电器

（a）外形结构；（b）图形符号

中间继电器和接触器的工作原理都是通过电磁效应，实现小电流对大电流的控制。两者的主要区别有：接触器有能通过大电流的主触点，可以控制电动机等负载的主电路，而中间继电器的触点容量一般比较小，没有主触点，全是辅助触点；中间继电器的触点比接触器多。

中间继电器的作用是增加触点的数量和容量，在控制电路中传递中间信号。应用较多的两种类型是线圈额定电压 DC 24 V 和 AC 220 V。

应用举例 1：某电路需要三组常开辅助触点，而接触器只有两组常开辅助触点，不够用。采用一个中间继电器，利用接触器的一组常开辅助触点控制中间继电器线圈，然后将中间继电器的常开触点当作接触器的辅助触点使用，这样就增加了触点数量。

应用举例 2：晶体管型 PLC 输出电流很小，约 0. 3 A，容量不够，不能驱动接触器线圈吸合。通常采用一个中间继电器，用 PLC 输出电流驱动中间继电器线圈，再用中间继电器触点去驱动接触器线圈，增加容量。

应用举例 3：PLC 输出直流 24 V 电压，但需要驱动的负载是交流 220 V 接触器。通常采用一个线圈电压额定值是直流 24 V 的中间继电器，由 PLC 输出控制中间继电器，并由中间继电器触点驱动交流 220 V 接触器。

# 项目八

## 电动机变频调速控制

### 项目介绍

使用变频器对三相交流电动机进行调速控制，弥补了三相交流电动机调速困难的缺点，具有调速平缓、控制灵活、安全性好、便于维护和集成等优点，是当前理想的调速方式。对于50 Hz以下的工作频率及风机、水泵类的负载，节能的效果显著；在传送、起重、卷绕和机床领域，可以提高成品率、延长设备使用寿命。随着工业自动化的发展和节能意识的提高，变频调速应用前景将更加广阔。

目前国内市场份额较大的变频器品牌包括西门子、三菱、ABB、富士、台达等。本项目以西门子MM420变频器为对象，学习三相异步电动机的变频调速控制。

### 学有所获

| 序号 | 学习效果 | 知识目标 | 能力目标 |
|---|---|---|---|
| 1 | 理解变频调速原理和变频器的基本功能 | √ | |
| 2 | 掌握MM420变频器的结构和接口电路 | √ | |
| 3 | 掌握MM420变频器的设备安装要求，能规范完成电路安装和接线 | √ | √ |
| 4 | 熟悉MM420变频器常用的系统和功能参数 | √ | |
| 5 | 会使用BOP面板完成MM420变频器的参数修改和调试 | | √ |
| 6 | 掌握MM420变频器控制电路的安装、调试步骤和故障排除方法 | | √ |

## 任务一　使用 BOP 面板控制 MM420 变频器实现无级调速

### ■ 任务资讯

### 一、三相异步电动机的变频调速方式

#### 1. 三相异步电动机的变频调速原理

根据电动机学的原理，三相异步电动机转速 $n_m$ 计算公式为

$$n_m = n_0(1-S) = \frac{60f}{P}(1-S) \tag{8-1}$$

式中，$f$——电源的频率；

$P$——电动机的磁极对数；

$S$——转差率（$S = n_0 - n_m/n_0$，$n_0$ 为同步转速）。

由公式可知，改变电动机转速可以通过三种方式：变频调速、变极调速和变转差率调速。三种调速方式的优缺点比较参见表 8-1。

表 8-1　调速方式的优缺点比较

| 调速方式 | 优点 | 缺点 |
|---|---|---|
| 变频调速 | 可实现连续平滑调速，低速转矩大，特性好，效率高 | 需要变频、变压装置 |
| 变极调速 | 系统简单，低速转矩大 | 不能连续调节，需使用双速或多速电动机 |
| 变转差率调速 | 系统简单 | 调压调速转矩小，串电阻调速效率低 |

#### 2. 变频器的概念和分类

目前变频调速广泛使用变频器。变频器是利用电力电子半导体器件的通断作用，将工频电源变换为另一电压和频率可调的电能转换装置。

根据电能变换环节，变频器可分为交－交和交－直－交两种类型。交－交变频器将频率固定的交流电源直接变换成频率连续可调的交流电，变换效率高，但可调的频率范围窄，常用在低速、大功率拖动系统中；交－直－交型变频器先将交流电整流成直流，再经过逆变，转化成频率可调的三相交流电，如图 8-1 所示。由于交－直－交变频器在频率调节范围和电动机性能改善方面具有明显优势，故是目前中小型交流调速应用的主要类型。

依据用途，变频器可分为通用变频器和专用变频器。专用变频器针对特定的控制对象设计，如风机变频器、水泵变频器、电梯及起重机械用变频器等（西门子 MM430 为风机水泵专用变频器），这种变频器在某一特定方面性能突出。通用变频器中大容量变频器主要用于冶金工业的一些低速场合。常见的中小容量变频器主要用于风机、水泵及生产机械上。

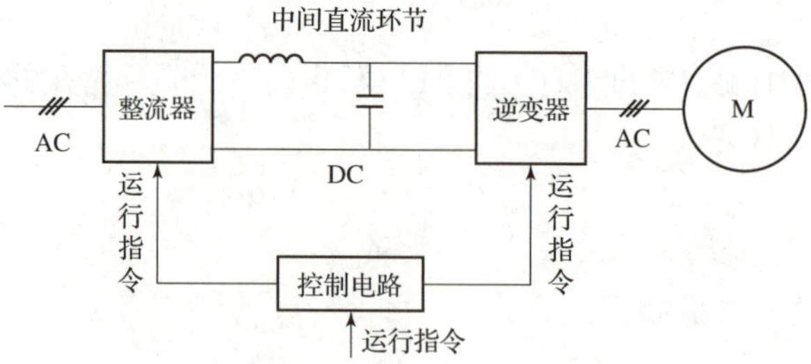


图 8-1　交-直-交变频器结构

### 3. 变频器的基本功能

变频器通常采用微处理器作为主控单元，一般具有以下基本功能：

(1) 保护功能：通用变频器一般具有欠电压保护、过电压保护、过载保护、接地故障保护、短路保护、电动机失步保护、电动机堵转保护、电动机过热保护、变频器过热保护、电动机缺相保护等功能。

(2) 运行控制功能：通用变频器可完成正转、反转、停止、复位、制动等功能。

(3) 频率设定功能：通用变频器具有运行频率设定、基准频率设定、多段速功能设定、最高/低频率设定等功能。

(4) 加减速时间、加减速模式的设定功能：通用变频器可根据负载情况进行加减速时间和加减速模式的设定，确保变频器平滑启动和停止。

(5) 转矩提升（补偿）功能：又称为自动电压调整功能，其目的是在电动机低速运行时对其输出转矩进行补偿。

(6) 防失速功能：包括电动机在加速、恒速、减速过程中的三种防失速功能。

(7) PID 控制功能：部分变频器具备 PID 或 PI 功能，用于 PID 控制。

## 二、西门子 MM420 变频器初识

### 1. MicroMaste420 变频器产品

MICROMASTER 420
通用型变频器
使用大全

MicroMaste420（以下简称为 MM420）是德国西门子公司 MM4 系列中一款通用型变频器，主要用于三相交流电动机调速控制，适合于各种变速驱动装置，包括水泵、风机、传送带、材料运输机、机床驱动等。

MM420 有多个型号，从单相电源电压、额定功率 120W 到三相电源电压、额定功率 11 kW 可供用户选用。MM420 变频器从额定输出功率和外形上尺寸上可分为 A 型、B 型和 C 型（见图 8-2）。

图 8-2　安装了 BOP 面板的 A、B、C 型 MM420 变频器

MM420 变频器的特点：

（1）MM420 变频器由微处理器控制，采用绝缘栅双极性晶体管（ICBT）作为功率输出部件，具有很高的运行可靠性和功能的多样性。

（2）MM420 具有默认的工厂设置参数，可满足简单的电动机控制系统直接使用。通过设置相关参数以后，也可用于更高级的电动机控制系统。MM420 既可用于单独驱动系统，也可集成到自动化系统中。

（3）采用模块化的结构设计，因而组态具有最大的灵活性；面板和通信模块可以不使用任何工具，非常方便用手进行更换；另提供多种配件供选用。

（4）接口资源包括：三个完全可编程的隔离的数字输入；一个可标定的 0～10 V 的模拟输入（也可以作为第 4 个数字输入）；一个可编程的模拟输出（0～20 mA）；一个完全可编程的继电器输出（30 V，直流 5 A，电阻负载；250 V，交流 2 A，感性负载）。

（5）其脉冲宽度调制的开关频率是可选的，降低了电动机运行的噪声。

（6）全面而完善的保护功能，为变频器和电动机提供了良好的保护。

MM420 变频器的具体型号参数和订货号见表 8-2。

**表 8-2　MM420 变频器产品订货号**

| 额定输出 | | 额定输入电流 | 额定输出电流 | 外形尺寸 | 订货号 | |
|---|---|---|---|---|---|---|
| kW | hp | A | A | （FS） | MM420 不带滤波器 | MM420 带 A 级滤波器 |
| 电源电压 200～240 V，单相交流 | | | | | | |
| 0.12 | 0.16 | 1.8 | 0.9 | A | 6SE6420-2UC11-2AA1 | 6SE6420-2AB11-2AA1 |
| 0.25 | 0.33 | 3.2 | 1.7 | A | 6SE6420-2UC12-5AA1 | 6SE6420-2AB12-5AA1 |
| 0.37 | 0.5 | 4.6 | 2.3 | A | 6SE6420-2UC13-7AA1 | 6SE6420-2AB13-7AA1 |
| 0.55 | 0.75 | 6.2 | 3 | A | 6SE6420-2UC15-5AA1 | 6SE6420-2AB15-5AA1 |
| 0.75 | 1 | 8.2 | 3.9 | A | 6SE6420-2UC17-5AA1 | 6SE6420-2AB17-5AA1 |
| 1.1 | 1.5 | 11 | 5.5 | B | 6SE6420-2UC21-1BA1 | 6SE6420-2AB21-1BA1 |
| 1.5 | 2 | 14.4 | 7.4 | B | 6SE6420-2UC21-5BA1 | 6SE6420-2AB21-5BA1 |
| 2.2 | 3 | 20.2 | 10.4 | B | 6SE6420-2UC22-2BA1 | 6SE6420-2AB22-2BA1 |
| 3 | 4 | 35.5 | 13.6 | C | 6SE6420-2UC23-0CA1 | 6SE6420-2AB23-0CA1 |
| 电源电压 200～240 V，三相交流 | | | | | | |
| 0.12 | 0.16 | 1.1 | 0.9 | A | 6SE6420-2UC11-2AA1 | — |
| 0.25 | 0.33 | 1.9 | 1.7 | A | 6SE6420-2UC12-5AA1 | — |
| 0.37 | 0.5 | 2.7 | 2.3 | A | 6SE6420-2UC13-7AA1 | — |
| 0.55 | 0.75 | 3.6 | 3 | A | 6SE6420-2UC15-5AA1 | — |
| 0.75 | 1 | 4.7 | 3.9 | A | 6SE6420-2UC17-5AA1 | — |

续表

| 额定输出 | | 额定输入电流 | 额定输出电流 | 外形尺寸 | 订货号 | |
|---|---|---|---|---|---|---|
| kW | hp | A | A | (FS) | MM420<br>不带滤波器 | MM420<br>带 A 级滤波器 |
| 电源电压 200～240 V，三相交流 | | | | | | |
| 1. 1 | 1. 5 | 6. 4 | 5. 5 | B | 6SE6420-2UC21-1BA1 | — |
| 1. 5 | 2 | 8. 3 | 7. 4 | B | 6SE6420-2UC21-5BA1 | — |
| 2. 2 | 3 | 11. 7 | 10. 4 | B | 6SE6420-2UC22-2BA1 | — |
| 3 | 4 | 15. 6 | 13. 6 | C | 6SE6420-2UC23-0CA1 | 6SE6420-2AC23-0CA1 |
| 4 | 5 | 19. 7 | 17. 5 | C | 6SE6420-2UC24-0CA1 | 6SE6420-2AC24-0CA1 |
| 5. 5 | 7. 5 | 26. 5 | 22 | C | 6SE6420-2UC25-5CA1 | 6SE6420-2AC25-5CA1 |
| 电源电压 380～480 V，三相交流 | | | | | | |
| 0. 37 | 0. 5 | 2. 2 | 1. 2 | A | 6SE6420-2UD13-7AA1 | — |
| 0. 55 | 0. 75 | 2. 8 | 1. 6 | A | 6SE6420-2UD15-5AA1 | — |
| 0. 75 | 1 | 3. 7 | 2. 1 | A | 6SE6420-2UD17-5AA1 | — |
| 1. 1 | 1. 5 | 4. 9 | 3 | A | 6SE6420-2UD21-1AA1 | — |
| 1. 5 | 2 | 5. 9 | 4 | A | 6SE6420-2UD21-5AA1 | — |
| 2. 2 | 3 | 7. 5 | 5. 9 | B | 6SE6420-2UD22-2BA1 | 6SE6420-2AD22-2BA1 |
| 3 | 4 | 10 | 7. 7 | B | 6SE6420-2UD23-0BA1 | 6SE6420-2AD23-0BA1 |
| 4 | 5 | 12. 8 | 10. 2 | B | 6SE6420-2UD24-0BA1 | 6SE6420-2AD24-0BA1 |
| 5. 5 | 7. 5 | 15. 6 | 13. 2 | C | 6SE6420-2UD25-5CA1 | 6SE6420-2AD25-5CA1 |
| 7. 5 | 10 | 22 | 19 | C | 6SE6420-2UD27-5CA1 | 6SE6420-2AD27-5CA1 |
| 11 | 15 | 32. 3 | 26 | C | 6SE6420-2UD31-1CA1 | 6SE6420-2AD31-1CA1 |

MM420 系列变频器提供的可选件见表 8-3。

操作面板及选件介绍

**表 8-3 MM420 的可选件**

| 独立的选件 | 附属的选件 |
|---|---|
| √基本操作面板（BOP）<br>√高级操作面板（AOP）<br>√PROFIBUS 模块<br>√连接 PC 和变频器的组合件<br>√连接 PC 和 AOP 的组合件<br>√控制单台变频器时，BOP/AOP 在柜门上安装的组合件<br>√控制多台变频器时，AOP 在柜门上安装的组合件<br>√调试工具 “DriveMonitor 和 “Stater” | √EMC 滤波器，A 级<br>√EMC 滤波器，B 级<br>√辅助 EMC 滤波器，B 级<br>√低泄漏的 B 级滤波器<br>√线路换流电抗器<br>√输出电抗器<br>√密封盖 |

### 2. MM420 变频器的结构

1）MM420 的结构功能框图

MM420 变频器的结构框图如图 8-3 所示。变频器的内部电路由主电路和控制电路两部分组成。

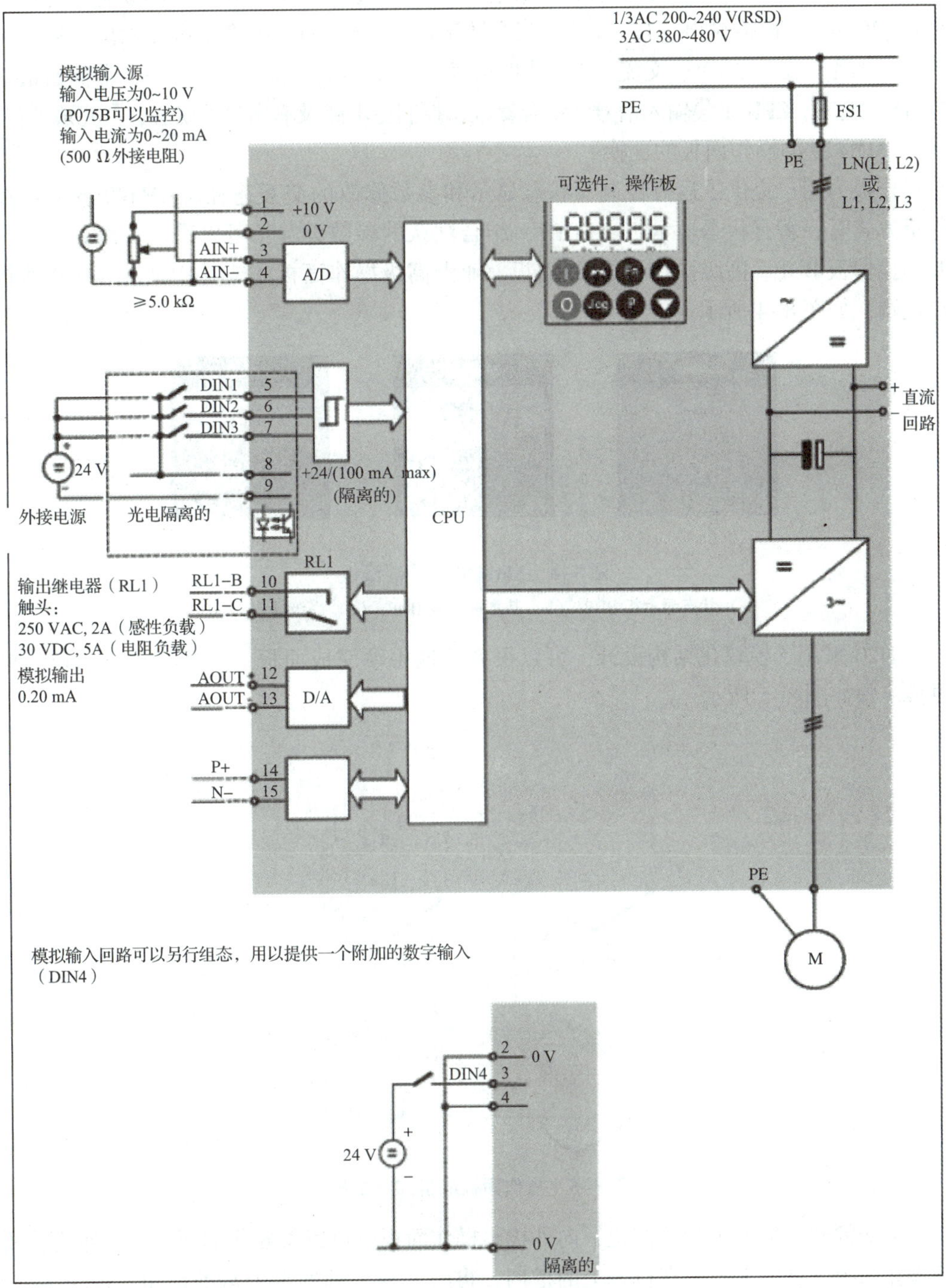


图 8-3　MM420 的结构功能框图

主电路实现电能转换：电源输入的单相交流电或三相交流电（L1\L2\L3\PE 或 L\N）经整流电路转换为直流电，再经过电容滤波后，供给逆变电路。逆变电路在 CPU 的控制下，将直流电逆变成电压和频率可调的三相交流电，提供给电动机（变频器到电动机的功率端口 U、V、W）。MM420 是典型的交-直-交型变频器。

控制电路由 CPU、一个高精度的 10 V 电源（1、2）、一个 0~10 V 的模拟输入（3、4）、一个 0~20 mA 的模拟输出（12、13）、三个数字输入（5~9）、一个继电器输出（30 V，直流 5 A，电阻负载；250 V，交流 2 A，感性负载）（10、11）及一个 RS-485 串行通信接口（14、15）组成。CPU 采集输入信号并结合参数，控制主电路及输出口的状态，并完成通信。

2）MM420 的操作面板的更换

操作板为用户提供了运行控制、状态显示和参数修改的交互途径。MM420 变频器在标准供货方式时，装有状态显示板（SDP），结合默认的参数设置，可以满足大部分需求。另有基本操作板 BOP、高级操作板 AOP 面板、亚洲高级操作面板（支持中文）AAOP 面板供用户选购，如图 8-4 所示。

（a）　　　（b）　　　（c）

**图 8-4　MM420 变频器面板**

（a）状态显示板 SDP；（b）基本操作板 BOP；（c）高级操作板 AOP

MM420 采用了模块化结构设计，可以很方便地手动完成面板的更换。操作面板的拆卸与更换步骤如图 8-5 所示。

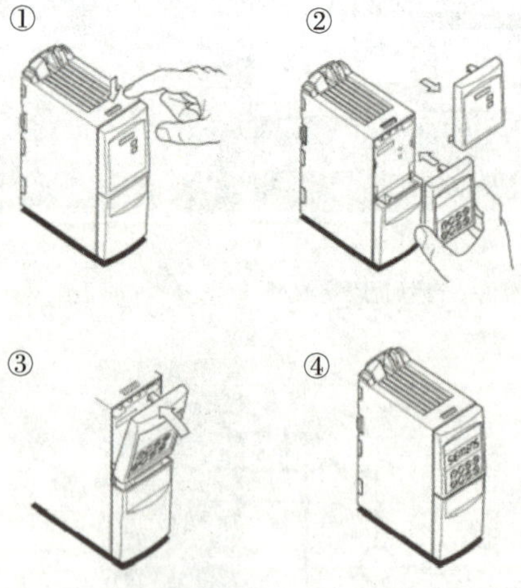


**图 8-5　操作面板的拆卸与更换**

按下变频器顶部的锁扣的按钮，向外拔出操作面板就可以将操作面板卸下，然后将要更换的操作面板下部的卡子放在机壳上的槽内，再将面板上部的卡子对准锁扣，轻轻推进去，听到咔的一声轻响，新的面板就被固定在变频器上了。

3）MM420 的接口电路

MM420 的接口的接线端子在机壳盖板下面。机壳盖板的拆卸方法如下：

A 型变频器的机壳盖板，可以在卸下操作面板后将机壳盖板向下方推动，再拔起，就可以将其从固定槽中卸下，如图 8-6 所示。

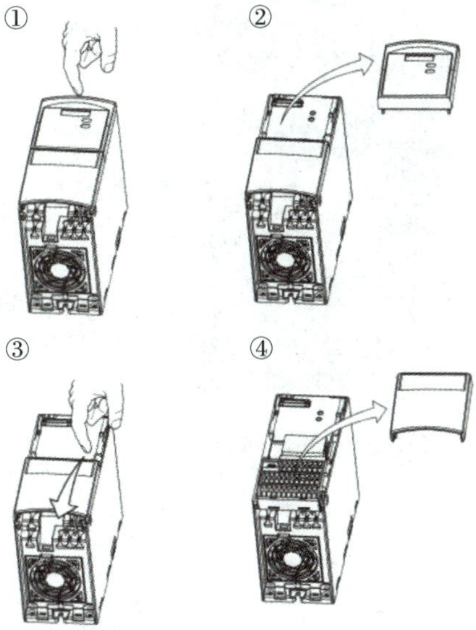


图 8-6　A 型机壳盖板的拆卸

若是 B 型或 C 型变频器，卸下这部分机壳盖板后，还要将剩余的机壳盖板部分向左右两侧掰开，将其从机体上卸下，才能最终完成变频器机壳盖板的拆卸工作。

拆下机壳盖板后可以看到 MM420 变频器的接线端子的标记及功能，如图 8-7 所示。

## 三、MM420 变频器的安装接线要求

### 1. MM420 变频器安装要求

1）安装环境要求

为确保变频器能够长期安全可靠地运行，变频器应该在符合要求的环境中工作，并在安装和接线的过程中符合一定的规范。变频器应安装在远离电磁辐射源，不受阳光直射，无灰尘，无腐蚀气体，无可燃气体，无油污，无蒸气、水等环境中。另外对温度、湿度和海拔有一定的要求。

（1）温度、湿度。

周围湿度：变频器工作环境的相对湿度为 20%～90%（无结露、冰冻现象）。

周围温度：MM420 变频器在 −10～+50℃可正常工作，−50～+60℃之间应降额使用。温度过高或温差过大的环境变会导致变频器的绝缘性降低，影响变频器的使用寿命。

（2）海拔高度。

海拔过高时，气压下降，容易破坏电气绝缘。变频器安装的海拔高度应低于 1 000 m，高于规定海拔高度的场合变频器要降额使用。

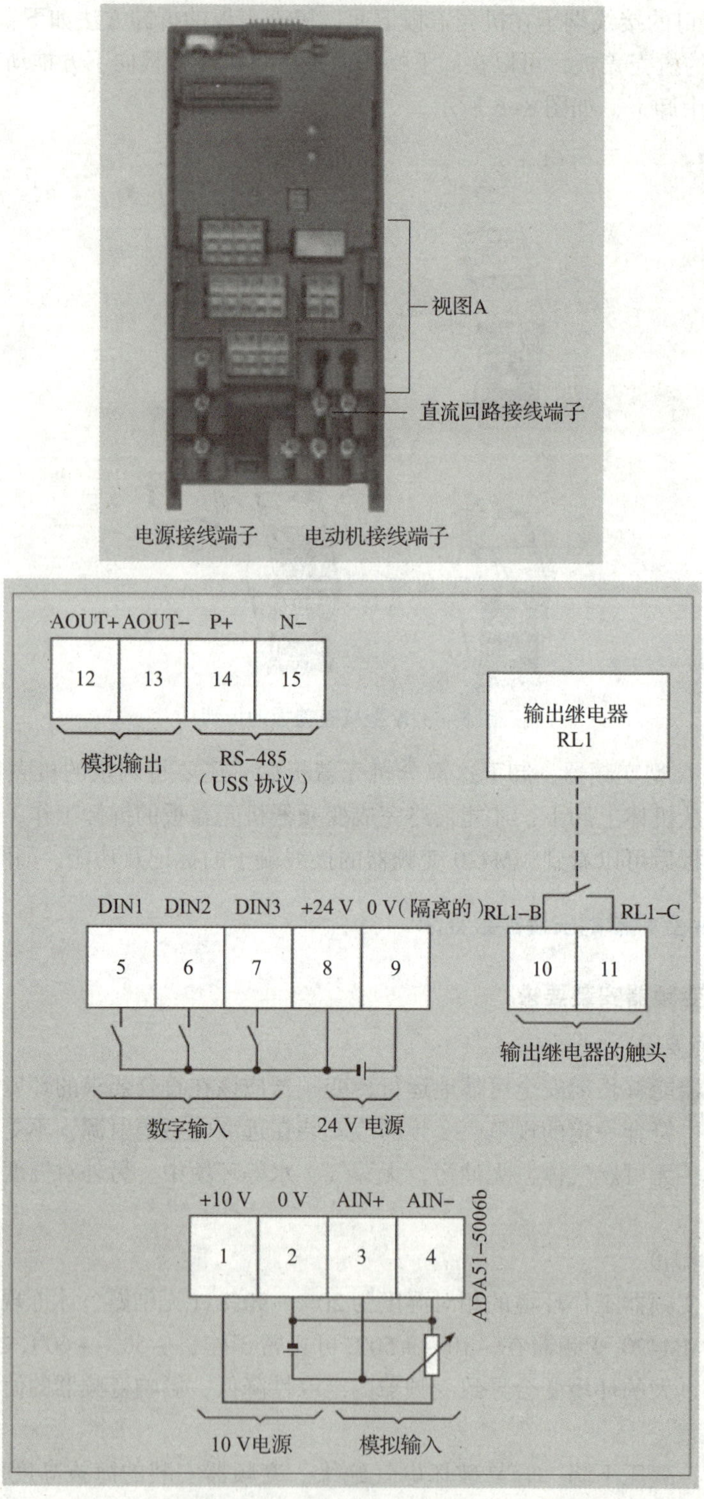


**图 8−7　MM420 接线端子**

注意：变频器在安装和使用中，不允许遭受突然的撞击，比如掉到地上。

2）机械安装要求

变频器可以采用挂壁式安装或柜式安装。

挂壁式安装：指使用螺丝直接将变频器固定在安装面上。安装时要注意周围应留有一定的空间（左、右两侧各留大于100 mm的空间，上、下大于150 mm），为了防止杂物掉进变频器的出风口阻塞风道，在变频器出风口的上方最好安装挡板。

柜式安装：是将变频器和其他电器元件一起安装在变频器柜里，该方式可以减少现场灰尘和湿度对设备的影响，并能一定程度降低电磁干扰。柜式安装要注意采取冷却、通风措施，防止柜内温度过高。柜内的安装可以使用导轨的固定方式。A型号变频器DIN导轨的安装和拆卸方法如下：使用35 mm的标准导轨。安装变频器时，首先用导轨的上闩销把变频器固定到导轨的安装位置上，然后向导轨上按压变频器，直到导轨的下闩销嵌入到位。拆卸变频器：为了松开变频器的释放机构，首先将螺钉刀插入释放机构中，然后用手握住变频器向下施加压力，导轨的下闩销就会松开，再将变频器从导轨上取下，如图8-8所示。

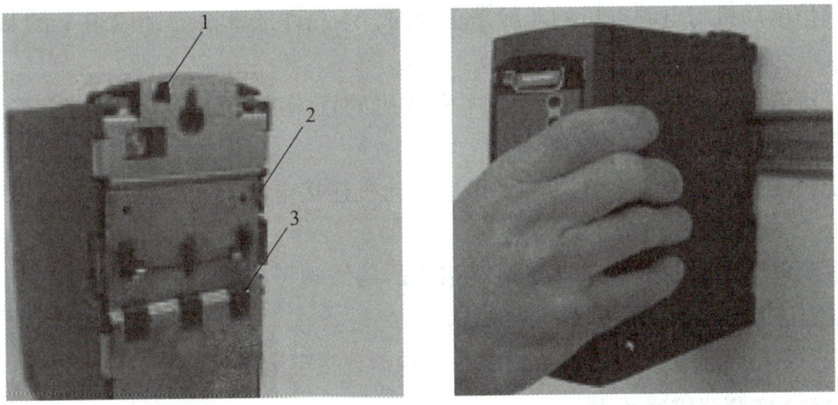


**图8-8　MM420A型变频器的导轨固定方式**

1—释放机构；2—导轨上闩销；3—导轨下闩销

另外，通过使用组件可以将BOP/AOP面板安装在柜门上，以便于用户操作和观察。

变频器机械安装注意事项：

(1) 变频器不得卧式安装，安装时要避免变频器受冲击和跌落。

(2) 变频器顶上或底部必须保留至少100 mm的间隙，确保冷却通道的畅通。

(3) 变频器安装底板必须为耐热材料。变频器上部不可有木板等易燃材料。对于采用强迫风冷的变频器，为防止外部灰尘吸入，应在吸入口设置空气过滤器，在门扉处设置屏蔽垫。为确保冷却风道畅通，电缆配线槽不要堵住机壳上的散热孔。

(4) 多台变频器邻近并排安装时，其间必须留有足够的距离（不小于50 mm）。

(5) 变频器必须可靠接地。

3）电气安装要求

变频器进行电气连接时的注意事项：

(1) 在连接变频器或改变变频器接线之前，必须断开电源，保证变频器放电完毕（约5 min）后再开始安装工作。

（2）变频器可以在供电电源的中性点不接地的情况下运行，而且，当输入线中有一相接地短路时仍可继续运行。如果输出有一相接地，MM420 将跳闸，并显示故障码 F0001。当变频器电源（中性点）不接地时需要从变频器中拆掉 Y 形接线的电容器，并安装输出电抗器（操作方法见手册）。

（3）接地端子（PE）。为保证安全，变频器和电动机必须接地，接地电阻应小于 10 Ω。如果是多台变频器接地，则各变频器应分别和大地相连，切勿使接地线形成回路，如图 8-9 所示。

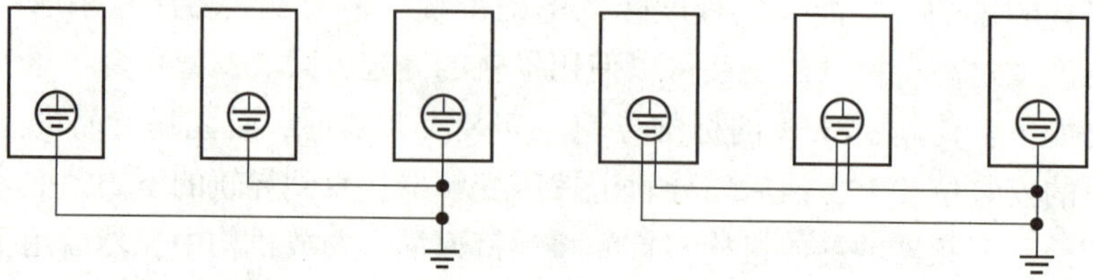

图 8-9　接地端子接线方式（左图正确，右图错误）

（4）确信电动机与电源电压的匹配是正确的，不允许把单相/三相 230 V 的 MM420 变频器连接到电压更高的 400 V 三相电源。

（5）直流电抗器连接端子接改善功率因数用的直流电抗器，端子上连接有短路导体，使用直流电抗器时先要取出此短路导体。

（6）变频器的控制电缆、电源电缆和与电动机连接电缆的走线必须相互隔离，不要把它们放在同一个电缆线槽中或电缆架上。

（7）电源电缆和电动机电缆与变频器相应的接线端子连接好以后，在接通电源时必须确信变频器的盖子已经盖好。

注意：不要用高压绝缘测试设备测试与变频器连接电缆的绝缘。

**2. MM420 变频器接线要求**

1）变频器主电路接线

卸下变频器的操作面板，打开变频器的前端盖板，就会看到变频器的端子（图 8-7），其下部的端子就是与电源和电动机连接的功率端子（见图 8-10），用于变频器与电源和电动机的接线。

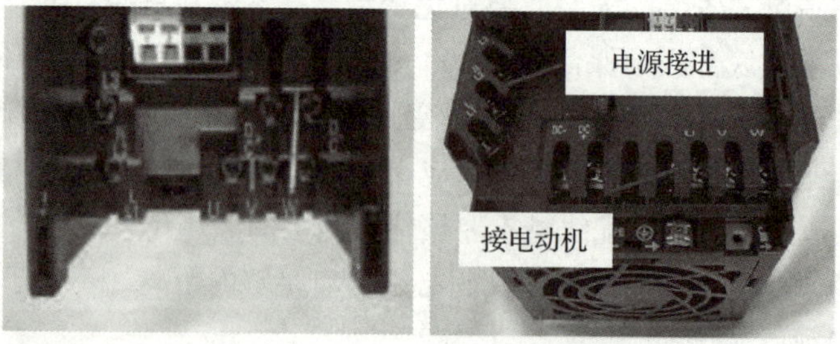


图 8-10　MM420 变频器的功率端子

主电路典型的安装接线方法如图 8-11 所示。

变频器主电路安装接线注意事项：

（1）在连接变频器或改变变频器接线之前，必须断开电源。

(2) 供电电源可以是单相交流，也可以是三相。确信电动机与电源电压的匹配是正确的，不允许把单相/三相 230 V 的变频器连接到电压更高的 400 V 三相电源。根据 GB/T 5226.1—2008 中 13.2.5 对颜色标识导线的规定，黑色用于交流和直流动力回路，红色用于交流控制回路，蓝色用于直流控制回路。

(3) 变频器和电源之间应接入与其额定电流相应的熔断器或带短路、漏电保护的断路器。动力回路、保护接地线应不小于 2.5 $mm^2$。

(4) 特别注意的是三相交流电源绝对不能直接接到变频器输出端子，否则将导致变频器内部器件损坏。

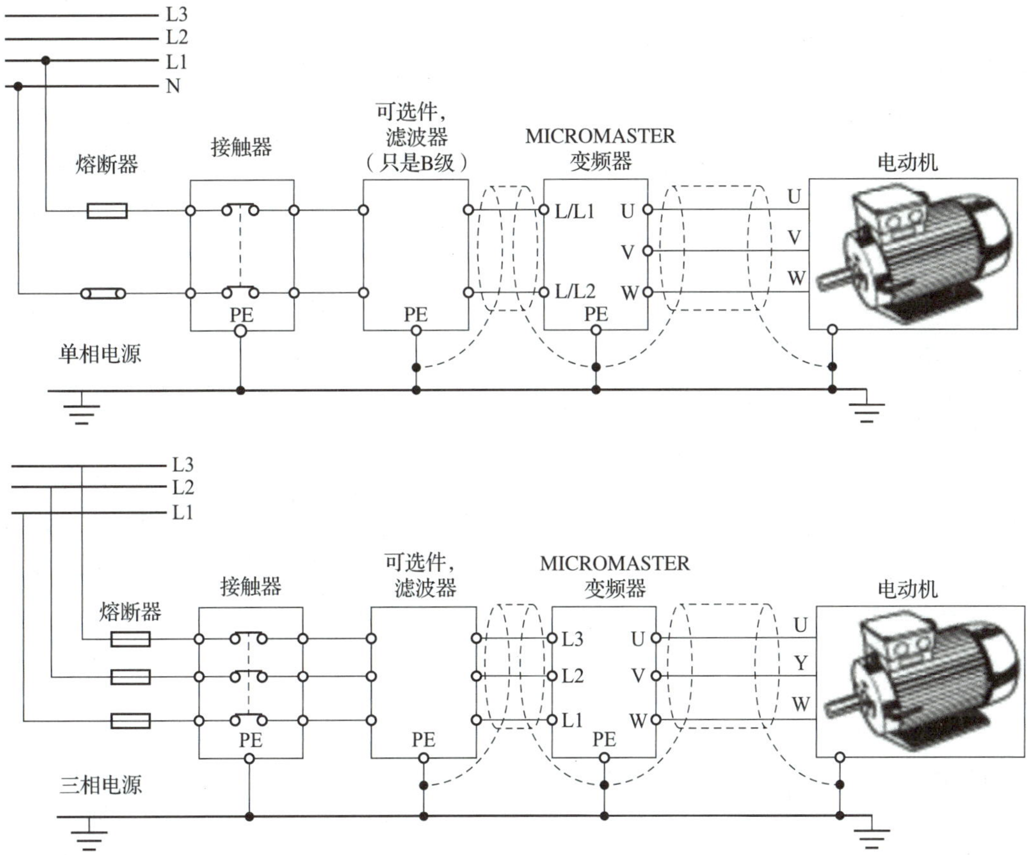


图 8-11 电动机和电源的接线方法

2) 变频器控制电路接线

MM420 控制电路输入输出端口的接线参考图 8-3。控制线路的接线应注意以下问题：

(1) 控制电路与主回路之间的铺设要求。变频器控制线与主回路电缆或其他电力电缆分开铺设，且尽量远离主电路 100 mm 以上；尽量不与主电路电缆平行铺设，不与主电路交叉，必须交叉时，应采取垂直交叉的方法。

(2) 控制线截面积要求：单股导线不小于 1.5 $mm^2$；多股导线不小于 1.0 $mm^2$；弱电回路不小于 0.5 $mm^2$。

（3）控制回路的接地。弱电压电流回路的电线取一点接地，接地线不作为传送信号的电路使用；电线的接地在变频器侧进行，使用专设的接地端子，不与其他的接地端子共用。

（4）电缆的屏蔽。变频器电缆的屏蔽可利用已接地的金属管或者带屏蔽的电缆。屏蔽层一端连接变频器控制电路的公共端（COM），但不要接到变频器地端（E）；屏蔽层另一端悬空。

（5）变频器开关量控制线允许不使用屏蔽线，但同一信号的两根线必须互相绞在一起，绞合线的绞合间距应尽可能小，并将屏蔽层接在变频器的接地端 E 上，信号线电缆最长不得超过 50 m。

（6）电源电缆和电动机电缆与变频器相应的接线端子连接好以后，在接通电源时必须确信变频器的盖子已经盖好。

2）电磁 EMI 和防雷措施

变频器的设计允许它在具有很强电磁干扰的工业环境下运行。通常，如果安装的质量良好，就可以确保安全和无故障的运行。如果在运行中遇到问题，则可参考《MICROMASTER 420 通用变频器使用大全》中 2.4.3 节采取的措施。变频器装置的防雷击措施是确保变频器安全运行的另一重要外设措施，特别是在雷电活跃地区或活跃季节，这一问题尤为重要。详细内容参考《MICROMASTER 420 通用变频器使用大全》中 2.4.4 节。

## 四、MM420 变频器的调试

### 1. 调试工具

安装好的变频器在使用前通常需要进行调试。对于简单的应用，使用 SDP 和出厂默认参数就可以完成调试，投入运行。如果需要修改参数，则可以选购 BOP、AOP、AAOP 面板进行，或使用 PCIBN 工具“Drive Monitor”或“STARTER”来调整调整参数和完成调试。

MM420 的调试主要有以下几种：

（1）参数复位：在变频器首次调试或参数混乱时可以进行参数复位，复位后变频器的参数将恢复出厂设置。

（2）快速调试：输入电动机相关的铭牌数据和一些基本驱动控制参数，使变频器可以良好地驱动电动机运转。一般在参数复位操作后，或者更换电动机后需要进行此操作。

（3）静态识别：为了取得良好的控制效果，必须进行电动机参数的静态识别，以构建准确的电动机模型。

（4）动态优化：当使用矢量控制方式时，变频器做静态识别后可选择进行动态优化，以检测电动机转动惯量和优化速度环参数。在进行动态优化时电动机会以不同的转速旋转来优化速度控制器。

（5）功能调试：为设置变频器的控制功能而进行的参数设置和调试。

### 2. 使用 BOP 操作面板的 MM420 调试

1）BOP 操作面板的功能

使用基本操作面板（BOP）可以改变变频器的参数，为了利用 BOP 设定参数，必须首先拆下 SDP，并装上 BOP（参看图 8-12）。在变频器加上电源时，也可以把 BOP 装到变频器上，或从变频器上将 BOP 拆卸下来。如果 BOP 已经设置为 I/O 控制（P0700 = 1），则在拆卸 BOP 时变频器驱动装置将自动停车。

基本操作面板（BOP）外观如图 8-12，面板具有 7 段显示的五位数字，可以显示报警和故障信息以及参数的设定值和实际值等。

BOP 面板的按键和显示功能

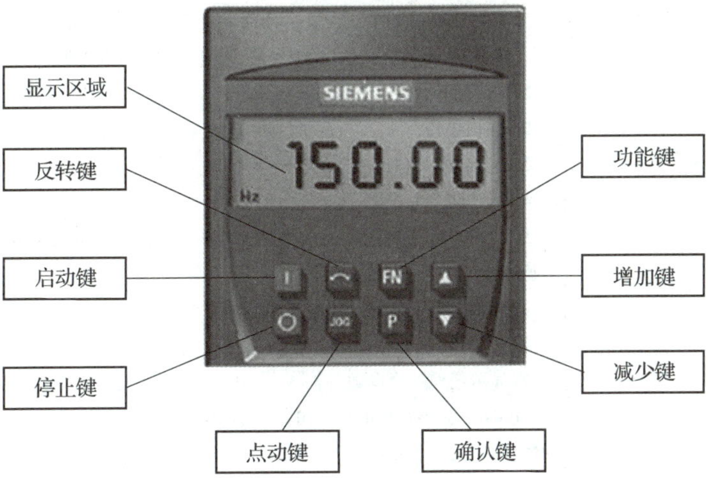


图 8-12　BOP 外观

使用 BOP 进行调试，首先要熟悉按键的操作和参数设置方法。操作面板的按键和功能如表 8-4 所示。

表 8-4　基本操作面板（BOP）按键的功能

| 显示/按钮 | 功能 | 功能的说明 |
|---|---|---|
|  | 状态显示 | LCD 显示变频器当前的设定值 |
|  | 起动变频器 | 按此键启动变频器。默认值运行时此键是被封锁的。为了使此键的操作有效，应设定 P0700 = 1 |
|  | 停止变频器 | OFF1：按此键，变频器将按选定的斜坡下降速率减速停车。默认值运行时此键被封锁；为了允许此键操作，应设定 P0700 = 1。<br>OFF2：按此键两次（或一次，但时间较长）电动机将在惯性作用下自由停车。此功能总是“使能”的 |
|  | 改变电动机的转动方向 | 按此键可以改变电动机的转动方向。电动机的反向用负号（-）表示或用闪烁的小数点表示。默认值运行时此键是被封锁的，为了使此键的操作有效，应设定 P0700 = 1 |
|  | 电动机点动 | 在变频器无输出的情况下按此键，将使电动机启动，并按预设定的点动频率运行。释放此键时，变频器停车。如果变频器/电动机正在运行，则按此键将不起作用 |

续表

| 显示/按钮 | 功能 | 功能的说明 |
|---|---|---|
|  | 功能 | 此键用于浏览辅助信息。<br>变频器运行过程中，在显示任何一个参数时按下此键并保持不动 2 s，将显示以下参数值（在变频器运行中，从任何一个参数开始）：<br>1. 直流回路电压（V）。<br>2. 输出电流（A）。<br>3. 输出频率（Hz）。<br>4. 输出电压（V）。<br>5. 由 P0005 选定的数值［如果 P0005 选择显示上述参数中的任何一个（3，4，或 5），这里将不再显示］。<br>连续多次按下此键，将轮流显示以上参数。<br>跳转功能：<br>在显示任何一个参数（r×××× 或 P××××）时短时间按下此键，将立即跳转到 r0000，如果需要的话，可以接着修改其他的参数。跳转到 r0000 后，按此键将返回原来的显示点 |
|  | 访问参数 | 按此键即可访问参数 |
|  | 增加数值 | 按此键即可增加面板上显示的参数数值 |
|  | 减少数值 | 按此键即可减少面板上显示的参数数值 |

使用 BOP 改变参数 P0004 值的方法和步骤见表 8-5。按照这个图表中说明的类似方法，可以用“BOP”设定变频器其他参数。

按键的用法及参数设置

**表 8-5　改变参数 P0004 参数过滤功能**

| 操作步骤 | | 显示结果 |
|---|---|---|
| 1 | 按访问参数 |  |
| 2 | 按直到显示出 P0004 |  |
| 3 | 按进入参数数值访问级 |  |

| 操作步骤 | | 显示结果 |
|---|---|---|
| 4 | 按或达到所需要的数值 |  |
| 5 | 按确认并存储参数的数值 |  |
| 6 | 使用者只能看到命令参数 | |
| 说明：修改参数时有时会出现忙碌信息，BOP 会显示，这表明变频器此时正在忙于处理优先级更高的任务。 | | |

2）MM420 变频器的参数说明

MM420 变频器的参数用 0000 到 9999 的 4 位数字编号。参数可以分为显示参数和设定参数两大类。显示参数为只读参数，以r ××××表示，值不可以更改。典型的显示参数为频率给定值、实际输出电压、实际输出电流等。设定参数为可读写的参数，以P ××××表示。变频器的参数有四个用户访问级：“1”标准级、“2”扩展级、“3”专家级和“4”维修级。访问的等级由参数 P0003 来选择，对于大多数应用对象，只要访问标准级（P0003 =1）和扩展级（P0003 =2）参数就足够了。参数详细的功能参见《MICROMASTER 420 通用变频器使用大全》第 5 章。

3）使用 BOP 的 MM420 调试

调试需要变频器上电后进行。上电前，应确认变频器的机械和电气安装正确，并查看变频器频率设置 DIP 开关设定（见图 8-13）的频率与电源频率（我国工频电源为 50 Hz）一致后，才可上电调试。

电源频率设置 DIP 有两个开关：DIP 开关 1 不供用户使用。DIP 开关 2：在“Off”位置时，设定为欧洲地区默认值（50 Hz，功率单位：kW）；在“On”位置时，设定为北美地区默认值（60 Hz，功率单位：hp）。

上电后，可依据需要来修改参数，进行调试。

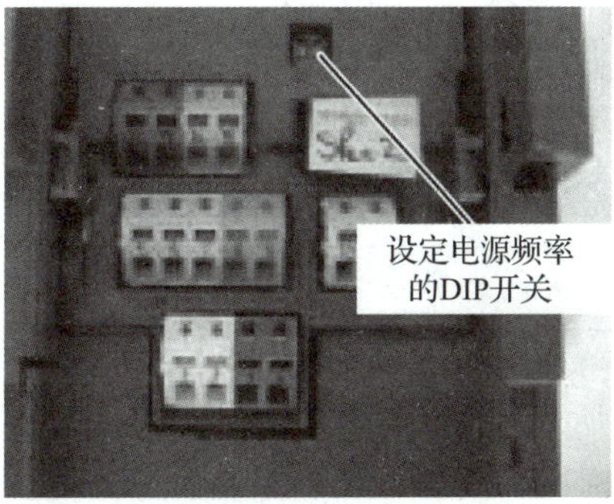


图 8-13　电源频率设置 DIP 开关

（1）参数复位。

参数复位要在变频器停车的状态下进行。按照图 8-14 所示步骤设置参数，即可完成参数复位。完成复位过程至少需要 3 min。

参数复位

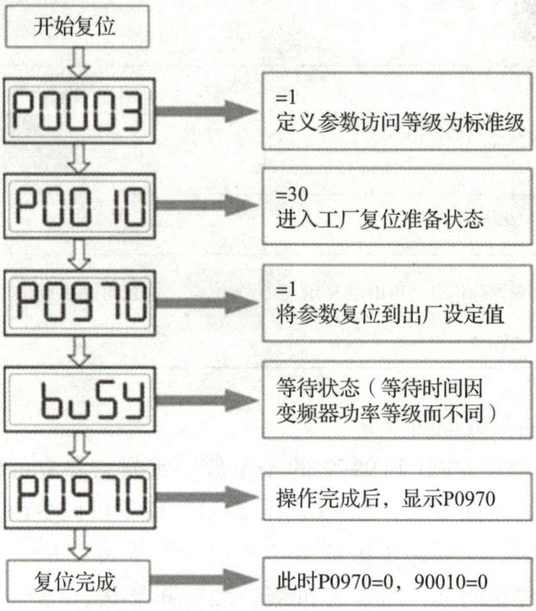


图 8-14　变频器的复位流程

（2）快速调试。

变频器出厂时已按相同额定功率的西门子四极标准电动机的常规应用对象进行编程。如果用户采用的是其他型号的电动机或更换电动机，就必须输入电动机铭牌上的规格数据，进行参数的设置和快速调试。快速调试需要输入电动机相关的铭牌数据和一些基本驱动控制参数。使用 BOP 进行快速调试，默认设置如表 8-6 所示。

表 8-6　用 BOP 操作时的默认设置值

| 参数 | 说明 | 缺省值，欧洲（或北美）地区 |
|---|---|---|
| P0100 | 运行方式，欧洲/北美 | 50 Hz，kW（60 Hz，hp） |
| P0307 | 功率（电动机额定值） | kW（hp） |
| P0310 | 电动机的额定频率 | 50 Hz（60 Hz） |
| P0311 | 电动机的额定速度 | 1 395（1 680）r/min（取决于变量） |
| P1082 | 最大电动机频率 | 50 Hz（60 Hz） |

快速调试流程如图 8-15 所示。

当选择 P0010＝1（快速调试）时，P0010 的参数过滤功能和 P0003 选择用户访问级别的功能在调试时是十分重要的，由此可以选定一组允许进行快速调试的参数。在快速调试的所有步骤都已完成以后，应设定 P3900 = 1，以便进行必要的电动机数据的计算，并将其他所有的参数（不包括 P0010 = 1）恢复到它们的默认设置值。

快速调试示例

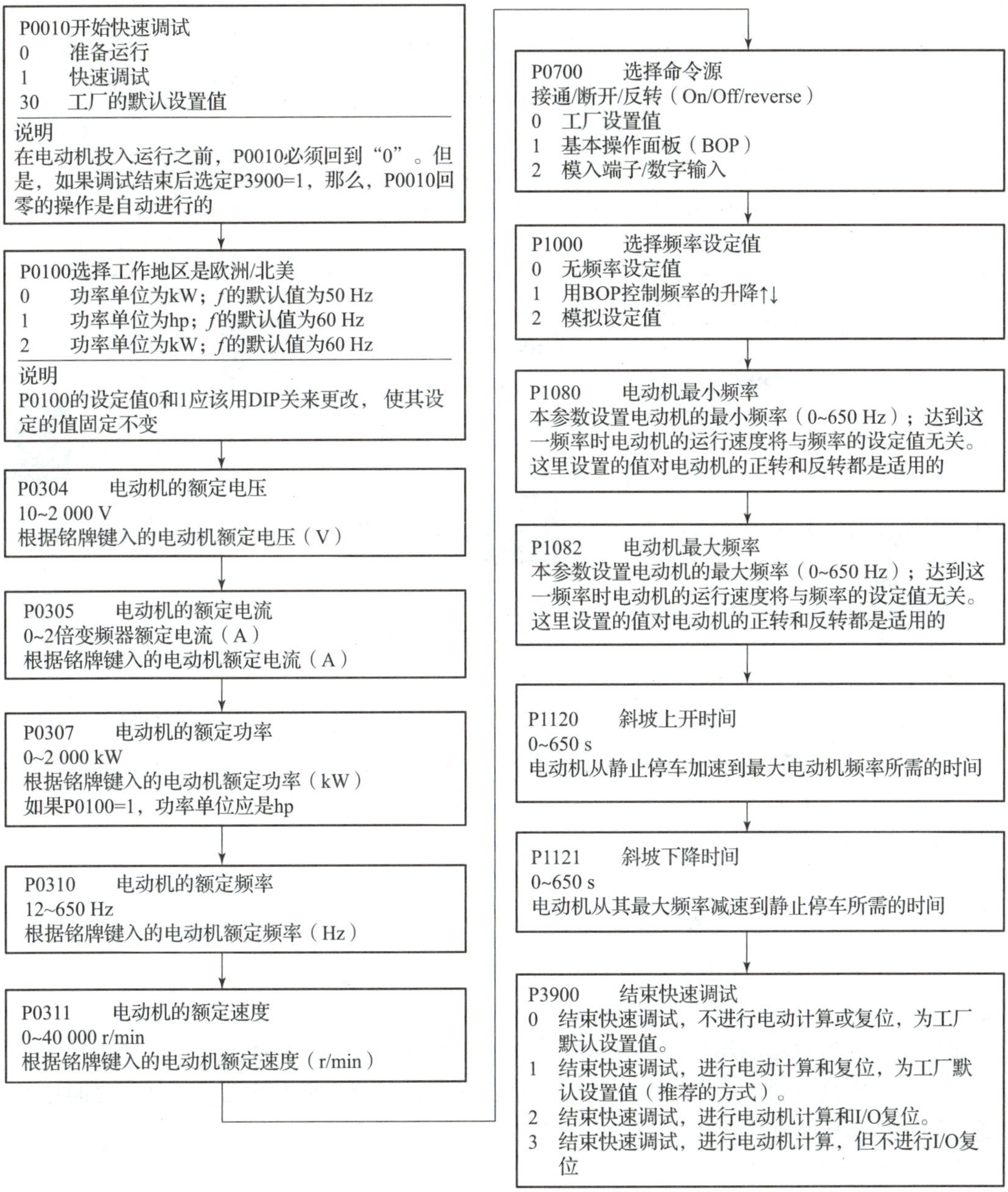


图 8-15　MM420 变频器快速调试流程

（3）使用 BOP 控制 MM420 变频器运行的常规操作。

P0010 为“0”值，使电动机进入运行状态。运行中的变频器可以使用 BOP/AOP 进行基本运行控制操作。选择用 BOP 的常规操作应设置以下参数，见表 8-7。

表 8-7　P0010、P0700、P1000 参数

| 参数代码 | 功能 | 设定数据 |
|---|---|---|
| P0010 | 调试参数过滤器：0 准备；1 快速调试；2 变频器；29 下载；30 工厂的默认设定值 | 0 |
| P0700 | 选择命令源：0 工厂的默认设置；1 BOP（键盘）设置；2 由端子排输入；4 通过 BOP 链路的 USS 设置；5 通过 COM 链路的 USS 设置；6 通过 COM 链路的通信板（CB）设置 | 1 |
| P1000 | 频率设定值的选择：0 无主设定值；1 MOP 设定值；2 模拟设定值；3 固定频率；4 通过 BOP 链路的 USS 设定；5 通过 COM 链路的 USS 设定；6 通过 COM 链路的 CB 设定 | 1 |

按下绿色按钮，启动电动机。按下“数值增加”按钮，电动机转动，其频率逐渐增加到 50 Hz。当变频器的输出频率达到 50 Hz 时，按下“数值降低”按钮，电动机的速度及其显示值逐渐下降。通过按钮，可以改变电动机的转动方向，按下红色按钮，电动机停车。

（4）故障排除

利用基本操作面板（BOP）排障，如果面板上显示的是报警码 A ×××× 或故障码 F ××××，则查阅 MM420 变频器手册中 6.3 节的报警和故障信息。如果“ON”命令发出以后电动机不启动，则检查以下各项：

①检查是否 P0010 = 0。

②检查给出的“ON”信号是否正常。

③检查是否 P0700 = 2（数字输入控制）或 P0700 = 1（用 BOP 进行控制）。

④根据设定信号源（P1000）的不同，检查设定值是否存在（端子 3 上应有 0 到 10 V）或输入的频率设定值参数号是否正确。

如果在改变参数后电动机仍然不启动，则设定 P0010 = 30 和 P0970 = 1，并按下 P 键，这时，变频器应复位到工厂设定的默认参数值。现在，在控制板上的端子 5 和 8 之间用开关接通。那么，驱动装置应运行在与模拟输入相应的设定频率。

提示：电动机的功率和电压数据必须与变频器的数据相对应。

## 五、任务电路图及变频器参数设置

### 1. 变频器外围线路

对于一些简单的应用，仅使用 BOP 上的按键就可以实现电动机的运行、停止和无级调速。该方法所需设备少，接线简单。使用 BOP 控制变频器无级调速的接线如图 8-16 所示。

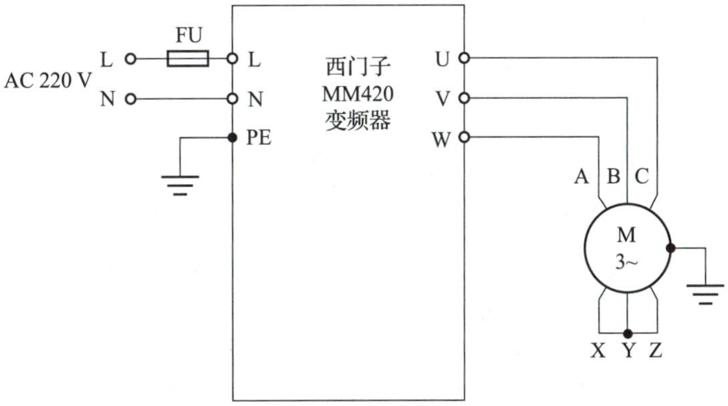


图 8-16　使用 BOP 控制变频器无级调速

"使用 BOP 面板控制变频器无极调速"电路接线

**2. 变频器参数设置及调试**

如有需要（参数未知或混乱）应首先进行变频器参数复位，流程如图 8-14 所示。变频器复位后，BOP 控制电动机的功能是被禁止的，默认的命令信号源是外部端子，频率源是模拟量输入口。如果要用 BOP 进行控制，则需要将参数 P0700 应设置为 1，则将命令源设置为 BOP，参数 P1000 设置为 1，则频率由 BOP 面板控制。

1）参数设置

变频器无级调速参数设置见表 8-8。

表 8-8　变频器无级调速参数设置

| 序号 | 参数号 | 默认值 | 设定值 | 功能说明 |
|---|---|---|---|---|
| 1 | P0304 | 230 | 380 | 电动机的额定电压（以 380 V 为例） |
| 2 | P0305 | 3. 25 | 0. 35 | 电动机的额定电流（以 0. 35 A 为例） |
| 3 | P0307 | 0. 75 | 0. 06 | 电动机额定功率（以 60 W 为例） |
| 4 | P0310 | 50. 0 | 50. 0 | 电动机的额定频率（以 50 Hz 为例） |
| 5 | P0311 | 0 | 380 | 电动机的额定电压（以 380 V 为例） |
| 6 | P1000 | 2 | 1 | 用 BOP 面板控制频率的升降 |
| 7 | P1080 | 0 | 0 | 电动机最小频率（0 Hz） |
| 8 | P1082 | 50 | 50 | 电动机最大频率（0 Hz） |
| 9 | P1120 | 10 | 10 | 斜坡上升时间（10 s） |
| 10 | P1121 | 10 | 10 | 斜坡下降时间（10 s） |
| 11 | P0700 | 2 | 1 | 命令源为 BOP 面板 |

注意参数设置时，应首先将 P0010 设置成 1，设置完成后，P0010 设置成 0，为运行做好准备。此时即可使用 BOP 上的按键进行运行控制和控制频率变化了。参数详细说明见表 8-9。

表 8-9　参数详细说明

| 参数号 | 功能 | 设定数据 |
|---|---|---|
| P1120 | 斜坡上升时间，最小值：0.00；默认值：10.00；最大值：650.00。单位：s | 10.00 |
| P1121 | 斜坡下降时间，最小值：0.00；默认值：10.00；最大值：650.00。单位：s | 10.00 |
| P1080 | 本参数设定最低的电动机频率。电动机运行在最低频率时，将不顾频率的设定值是多少，最小值：0.00；默认值：0.00；最大值：650.00。单位：Hz | 0.00 |
| P1082 | 本参数设定最高的电动机频率。电动机运行在最高频率时，将不顾频率的设定值是多少，最小值：0.00；默认值：50.00；最大值：650.00。单位：Hz | 50.00 |

2）调试

（1）按下面板操作按钮“

”，启动变频器。

（2）按下操作面板按钮“”和“”按钮，增加、减少变频器输出频率。

（3）按下操作面板按钮“”改变电动机的运转方向。

（4）按下操作面板按钮“

”电动机停止转动。

## 任务二　使用变频器数字输入端子控制电动机正反转

### ■ 任务资讯

变频器可以控制各类机械设备中电动机的正转、反转运行，形成升降运行、前后左右移动、进刀退刀等操作。

### 一、变频器的数字量端口

MM420 变频器有三个可编程的数字输入端口，即 DIN1、DIN2、DIN3（端子号分别为 5、6、7），可以通过修改对应的功能参数设定端口功能。例如：DIN1 的功能参数为 P0701，可设定值和功能参见表 8-11。同理 DIN2、DIN3 的功能参数分别为 P0702 和 P0703。

本任务使用 MM420 变频器的 DIN1、DIN2 和 DIN3 数字量端口，外接开关作为命令源，将数字量端口分别设置为正转运行、反转和停止，以实现电动机的正反转控制。

### 二、任务电路图及变频器参数设置

**1. 变频器外围线路**

分析 MM420 的功能结构框图（见图 8-3），在数字输入端口（DIN1、DIN2、DIN3）外接输入器件（开关、按钮、数字量传感器等），使用变频器自带的 24 V 电源或外接电源与输入器件、接口电路构成回路，则输入器件的状态改变，将反映为回路的通断，被变频器采集。

本任务的电路如图 8-17 所示。DIN1、DIN2 和 DIN3 端子上外接的 K1、K2、K3 开关，通过操作开关的通断状态控制实现正转、反转和停止功能。

"数字量输入端控制电动机正反转"电路接线

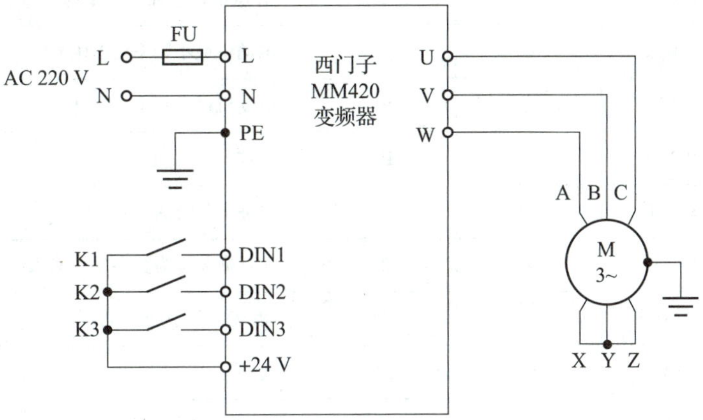


图 8-17　数字输入端子控制电动机正反转电路图

**2. 变频器参数设置**

1）参数的设置

该控制方式，参数上应做以下设置：

（1）参数 P0700 设置为 2，表示命令源为外部端子。

（2）参数 P0003 设置为 2，表示访问等级为扩展级，只有在扩展级才能访问数字量端子功能相关的参数。例如 P0701，访问等级为 2。

（3）参数 P0701、P0702、P0703 分别是数字输入 1（DIN1）、数字输入 2（DIN2）、数字输入 3（DIN3）的功能参数。如果令 P0701 =1，P0702 =12，P703 =4，则 DIN1 接通时，变频器带动电动机正转，断开时，电动机停止；DIN1 和 DIN2 同时接通时，变频器带动电动机反转；DIN3 接通时，电动机将按斜坡函数曲线快速降速停车。

（4）运行频率使用 BOP 调整，并设定电动机的最大运行频率为 50 Hz，最小频率为 0 Hz，则相关参数：P1000 =1，P1080 =0，P1082 =50 Hz；为了使设备速度变化更加平稳，减小对变频器和电动机的冲击，应设置适当的斜坡上升和斜坡下降时间（参数 P1020 和 P1021，默认为 10 s）。

数字量端子控制电动机正反转参数设置见表 8-10。

表 8-10　数字量端子控制电动机正反转参数设置

| 序号 | 参数号 | 缺省值 | 设定值 | 功能说明 |
|---|---|---|---|---|
| 1 | P0304 | 230 | 380 | 电动机的额定电压（以 380 V 为例） |
| 2 | P0305 | 3. 25 | 0. 35 | 电动机的额定电流（以 0. 35 A 为例） |
| 3 | P0307 | 0. 75 | 0. 06 | 电动机的额定功率（以 60 W 为例） |

续表

| 序号 | 参数号 | 缺省值 | 设定值 | 功能说明 |
|---|---|---|---|---|
| 4 | P0310 | 50.0 | 50.0 | 电动机的额定频率（以 50 Hz 为例） |
| 5 | P0311 | 0 | 1 430 | 电动机的额定转速（以 1 430 r/min 为例） |
| 6 | P1000 | 2 | 1 | 用 BOP 面板控制频率的升降 |
| 7 | P1080 | 0 | 0 | 电动机最小频率（0 Hz） |
| 8 | P1082 | 50 | 50 | 电动机最大频率（50 Hz） |
| 9 | P1120 | 10 | 10 | 斜坡上升时间（10 s） |
| 10 | P1121 | 10 | 10 | 斜坡下降时间（10 s） |
| 11 | P0700 | 2 | 2 | 选择命令源为数字端子输入 |
| 12 | P0701 | 1 | 1 | ON/OFF（接通正转/停车命令） |
| 13 | P0702 | 12 | 12 | 反转 |
| 14 | P0703 | 9 | 4 | OFF3（停车命令）按斜坡函数曲线快速降速停车 |

参数详细说明见表 8-11。

表 8-11 参数详细说明

| 参数号 | 功能 | 设定数据 |
|---|---|---|
| P0003 | 本参数用于定义用户访问参数组的等级。最小值：0；默认值：1；最大值：4<br>可能的设定值：<br>0 用户定义的参数表：有关使用方法的详细情况请参看 P0013 的说明。<br>1 标准级：可以访问最经常使用的一些参数。<br>2 扩展级：允许扩展访问参数的范围，例如变频器的 I/O 功能。<br>3 专家级：只供专家使用。<br>4 维修级：只供授权的维修人员使用，具有密码保护 | 2 |
| P0701 | 数字输入 1 的功能：0 禁止数字输入；1 On/Off1（接通正转/停车命令 1）；2 On reverse/Off1（接通反转/停车命令 1）；3 Off2（停车命令 2），按惯性自由停车；4 Off3（停车命令 3），按斜坡函数曲线快速降速停车；9 故障确认；10 正向点动；11 反向点动；12 反转；13 MOP（电动电位计）升速（增加频率）；14 MOP 降速（减少频率）；15 固定频率设定值（直接选择）；16 固定频率设定值（直接选择 + ON 命令）；17 固定频率设定值（二进制编码的十进制数（BCD 码）选择 + ON 命令）；21 机旁/远程控制；25 直流注入制动；29 由外部信号触发跳闸；33 禁止附加频率设定值；99 使能 BICO 参数化 | 1 |
| P0702 | 数字输入 2 的功能：（与 P0701 相同） | 12 |
| P0703 | 数字输入 2 的功能：（与 P0701 相同） | 4 |

2）调试

（1）如有需要（参数混乱），应首先进行变频器参数复位，相关内容参见图 8-14。

（2）如有需要（电动机更换），应进行快速调试，相关内容参见图 8-15。

（3）参照表 8-10 设定参数，进行功能调试。注意参数设置时，应首先将 P0010 设置成 1。设置完成后，将 P0010 设置成 0，为运行做好准备。

①变频器运行后，操作开关，观察频率变化，进行功能验证。

②打开开关“K1”“K3”，观察并记录电动机的运转情况。

③按下操作面板按钮“”，增加变频器的输出频率。

④打开开关“K1”“K2”“K3”，观察并记录电动机的运转情况。

⑤关闭开关“K3”，观察并记录电动机的运转情况。

⑥改变 P1120、P1121 的值，重复以上操作，观察电动机运转状态变化。

## 任务三　使用数字输入端子实现多段速控制

### 一、MM420 外部输入端子频率控制方式

MM420 变频器对输出频率控制有以下四种方式：

（1）操作面板控制方式。操作面板控制方式是通过操作面板上的按键手动改变输出频率的一种操作方式，具体操作有两种方法：一是按面板上频率上升或频率下降的按钮，调节输出频率；另一种方法是通过直接设定频率数值调节输出频率。

（2）使用外部输入数字量端子选择频率的操作方式。该方式通过将数字量端子 DIN1、DIN2、DIN3 设置成频率选择功能，并通过参数设置对应的频率，使变频器可以输出多种组合频率，该方式也叫固定频率或多段速方式。端子的状态改变可通过机外设备，如主令电器或 PLC 控制实现。

（3）外部输入端子模拟量频率选择操作方式。为了方便与输出量为模拟电流或电压的调节器、控制器的连接，变频器还设有模拟量输入端，AIN + 端为电压模拟量的正极，AIN - 为电压模拟量的负极。该方式可输出类似于无级调速的频率。

（4）通信数操作方式。变频器一般都设有通信接口，可以通过通信方式接收频率变化指令，便于频率的控制、反馈信息及达到系统集成的交互。一些变频器厂家还为变频器和 PLC 产品设计了专用的通信协议，如西门子公司的 USS 协议即是 MM420 系列变频器的专用通信协议。

本任务使用外部输入端子实现多段速调速，即通过外部数字端子 DIN1、DIN2 和 DIN3 的接通和断开状态来选定频率输出，实现调速。当外部数字端子的功能参数（P0701、P0702 和 P0703）设置成 15、16、17 时，端子即被定义了多段速工作模式，三个值的功能区别如下：

（1）直接选择（P0701 - P0703 = 15）。

在这种操作方式下，一个数字输入选择一个固定频率。如果有几个固定频率输入同时被

激活，则选定的频率是它们的总和。

例如：FF1＋FF2＋FF3。

(2) 直接选择＋ON 命令 (P0701－P0703＝16)。

选择固定频率时，既有选定的固定频率，又带有 ON 命令，把它们组合在一起。在这种操作方式下，一个数字输入选择一个固定频率。如果有几个固定频率输入同时被激活，则选定的频率是它们的总和。

例如：FF1＋FF2＋FF3。

(3) 二进制编码的十进制数（BCD 码）选择＋ON 命令 (P0701－P0703＝17)。

使用这种方法最多可以选择 7 个固定频率。各个固定频率的数值根据表 8-12 选择。

表 8-12　端子状态组合对应的频率参数

| 频率值参数 | 运行频率 | DIN3<br>端子 7 | DIN2<br>端子 6 | DIN1<br>端子 5 |
|---|---|---|---|---|
| – | OFF | 0 | 0 | 0 |
| P1001 | FF1 | 0 | 0 | 1 |
| P1002 | FF2 | 0 | 1 | 0 |
| P1003 | FF3 | 0 | 1 | 1 |
| P1004 | FF4 | 1 | 0 | 0 |
| P1005 | FF5 | 1 | 0 | 1 |
| P1006 | FF6 | 1 | 1 | 0 |
| P1007 | FF7 | 1 | 1 | 1 |

## 二、任务电路图及变频器参数设置

### 1. 变频器外围线路

如图 8-18 所示，通常使用三个开关改变 DIN1、DIN2 和 DIN3 的状态，组合选定多个输出频率。在需要经常改变速度的生产工艺或机械设备中，如果使用 PLC 来控制数字量输入端状态，则更加灵活、便利。

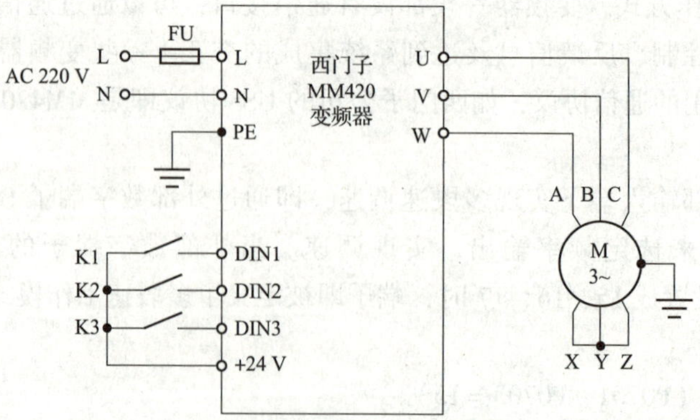


图 8-18　数字输入端子多段速调速电路

**2. 变频器参数设置及调试**

1）参数的设置

以固定频率设定值（二进制编码的十进制数（BCD 码）选择 + ON 命令）（功能参数 = 17）为例，相关的参数设置见表 8-13。

**表 8-13　数字量端子多段速控制参数设置**

| 序号 | 参数号 | 默认值 | 设定值 | 功能说明 |
| --- | --- | --- | --- | --- |
| 1 | P0304 | 230 | 380 | 电动机的额定电压（以 380 V 为例） |
| 2 | P0305 | 3. 25 | 0. 35 | 电动机的额定电流（以 0. 35 A 为例） |
| 3 | P0307 | 0. 75 | 0. 06 | 电动机的额定功率（以 60 W 为例） |
| 4 | P0310 | 50. 0 | 50. 0 | 电动机的额定频率（以 50 Hz 为例） |
| 5 | P0311 | 0 | 1 430 | 电动机的额定转速（以 1 430 r/min 为例） |
| 6 | P1000 | 2 | 1 | 用 BOP 面板控制频率的升降 |
| 7 | P1080 | 0 | 0 | 电动机最小频率（0 Hz） |
| 8 | P1082 | 50 | 50 | 电动机最大频率（50 Hz） |
| 9 | P1120 | 10 | 10 | 斜坡上升时间（10 s） |
| 10 | P1121 | 10 | 10 | 斜坡下降时间（10 s） |
| 11 | P0700 | 2 | 2 | 选择命令源为数字端子输入 |
| 12 | P0701 | 1 | 17 | BCD 码选择频率 |
| 13 | P0702 | 12 | 17 | BCD 码选择频率 |
| 14 | P0703 | 9 | 17 | BCD 码选择频率 |
| 15 | P1001 | 0. 00 | 5. 00 | 固定频率 1 |
| 16 | P1002 | 5. 00 | 10. 00 | 固定频率 2 |
| 17 | P1003 | 10. 00 | 20. 00 | 固定频率 3 |
| 18 | P1004 | 15. 00 | 30. 00 | 固定频率 4 |
| 19 | P1005 | 20. 00 | 40. 00 | 固定频率 5 |
| 20 | P1006 | 25. 00 | 45. 00 | 固定频率 6 |
| 21 | P1007 | 30. 00 | 50. 00 | 固定频率 7 |

参数详细说明见表 8-14。

**表 8-14 电动机多段速控制参数说明**

<table>
<tr><th>参数代码</th><th>功能</th><th>设定数据</th></tr>
<tr><td>P0701</td><td>数字输入 1 的功能：0 禁止数字输入；1 On/Off1（接通正转/停车命令 1）；2 ON reverse/Off1（接通反转/停车命令 1）；3 Off2（停车命令 2），按惯性自由停车；4 Off3（停车命令 3），按斜坡函数曲线快速降速停车；9 故障确认；10 正向点动；11 反向点动；12 反转；13 MOP（电动电位计）升速（增加频率）；14 MOP 降速（减少频率）；15 固定频率设定值（直接选择）；16 固定频率设定值（直接选择 + ON 命令）；17 固定频率设定值（二进制编码的十进制数（BCD 码）选择 + ON 命令）；21 机旁/远程控制；25 直流注入制动；29 由外部信号触发跳闸；33 禁止附加频率设定值；99 使能 BICO 参数化</td><td>17</td></tr>
<tr><td>P0702</td><td>数字输入 2 的功能：（与 P0701 相同）</td><td>17</td></tr>
<tr><td>P0703</td><td>数字输入 3 的功能：（与 P0701 相同）</td><td>17</td></tr>
<tr><td>P1001</td><td>固定频率 1：最小值：-650.00；默认值：5.00；最大值：650.00。单位：Hz。<br>为了使用固定频率功能，需要用 P1000 选择固定频率的操作方式。<br>1. 直接选择；<br>2. 直接选择 + ON 命令；<br>3. 二进制编码选择 + On 命令：（1）直接选择（P0701 - P0703 = 15）；（2）直接选择 + On 命令（P0701 - P0703 = 16）；（3）二进制编码的十进制数（BCD 码）选择 + On 命令（P0701 - P0703 = 17），使用这种方法最多可以选择 7 个固定频率。
<table>
<tr><td></td><td></td><td>DIN3</td><td>DIN2</td><td>DIN1</td></tr>
<tr><td></td><td>OFF</td><td>不激活</td><td>不激活</td><td>不激活</td></tr>
<tr><td>P1001</td><td>FF1</td><td>不激活</td><td>不激活</td><td>不激活</td></tr>
<tr><td>P1002</td><td>FF2</td><td>不激活</td><td>激活</td><td>不激活</td></tr>
<tr><td>P1003</td><td>FF3</td><td>不激活</td><td>激活</td><td>激活</td></tr>
<tr><td>P1004</td><td>FF4</td><td>激活</td><td>不激活</td><td>激活</td></tr>
<tr><td>P1005</td><td>FF5</td><td>激活</td><td>不激活</td><td>激活</td></tr>
<tr><td>P1006</td><td>FF6</td><td>激活</td><td>激活</td><td>不激活</td></tr>
<tr><td>P1007</td><td>FF7</td><td>激活</td><td>激活</td><td>激活</td></tr>
</table></td><td>5 Hz</td></tr>
<tr><td>P1002</td><td>固定频率 2，请参看参数 P1001（固定频率 1）。</td><td>10.00</td></tr>
<tr><td>P1003</td><td>固定频率 3，请参看参数 P1001（固定频率 1）。</td><td>20.00</td></tr>
<tr><td>P1004</td><td>固定频率 4，请参看参数 P1001（固定频率 1）。</td><td>30.00</td></tr>
<tr><td>P1005</td><td>固定频率 5，请参看参数 P1001（固定频率 1）。</td><td>40.00</td></tr>
<tr><td>P1006</td><td>固定频率 6，请参看参数 P1001（固定频率 1）。</td><td>45.00</td></tr>
<tr><td>P1007</td><td>固定频率 7，请参看参数 P1001（固定频率 1）。</td><td>50.00</td></tr>
</table>

2）调试

（1）如有需要（参数混乱），应首先进行变频器参数复位，相关内容参见图 8-14。

（2）如有需要（电动机更换），应进行快速调试，相关内容参见图 8-15。

（3）参照表 8-13 设定参数，进行功能调试。注意参数设置时，应首先将 P0010 设置成 1。设置完成后，将 P0010 设置成 0，为运行做好准备。

（4）变频器运行后，操作开关“K1”“K2”“K3”的通断，进行多种组合，观察频率变化，观察并记录变频器输出频率的变化和电动机的运转情况。

# 项目九

## CA6140型车床电气故障检测与维修

### 项目介绍

初学车削加工时，我们面对车床不知道如何通过按钮、开关去控制车床各部分的运动；从事车削加工时，我们经常会碰到车床电气出现的各种故障而手足无措。那么，本项目将带你认识机床电气，熟练掌握CA6140型车床电气控制及故障排除技巧。

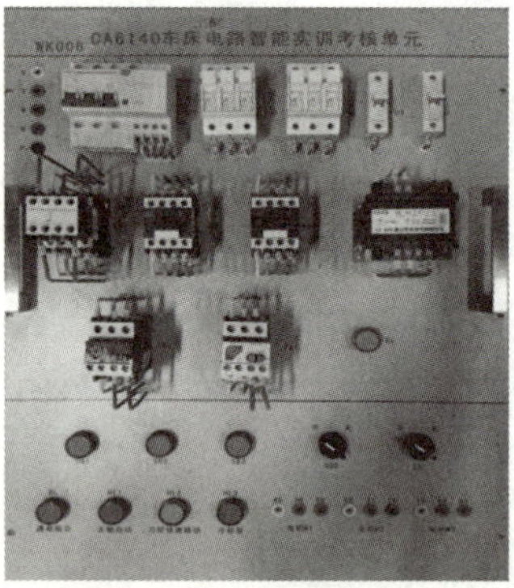


### 学有所获

| 序号 | 学习效果 | 知识目标 | 能力目标 |
| --- | --- | --- | --- |
| 1 | 了解CA6140型车床的组成及运动 | √ | |
| 2 | 掌握机床电气图的组成及识读技巧 | √ | |
| 3 | 掌握机床电气故障检测与排除技巧 | √ | |
| 4 | 能对CA6140型车床电气图进行识读 | | √ |
| 5 | 能对CA6140型车床电气常见故障进行检测与排除 | | √ |

## 任务一　CA6140 型车床主轴电动机故障检测

### ■ 任务资讯

### 一、CA6140 型车床的组成

CA6140 是在原 C620 基础上加以改进而来的，其中 C 代表车床，A 代表改进型号，6 代表卧式，1 代表基本型，40 代表最大旋转直径，其是机械设备制造企业所需设备之一。CA6140 型车床主要由主轴变速箱、进给箱、溜板箱、尾架和床身等组成，如图 9-1 所示。

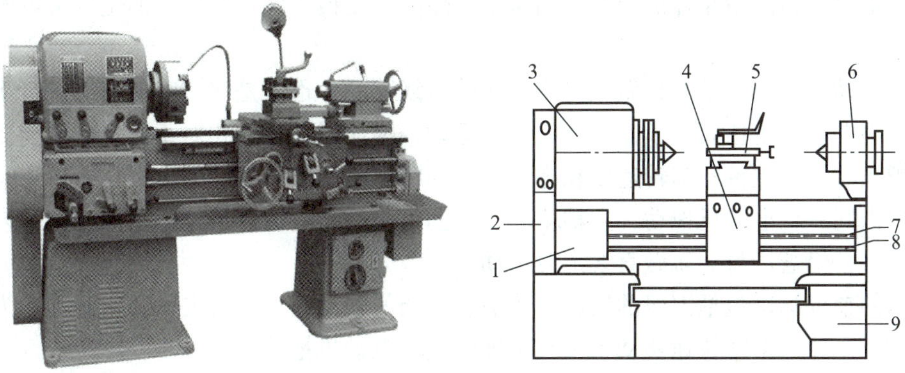


图 9-1　CA6140 型车床的组成

1—进给箱；2—挂轮箱；3—主轴变速箱；4—溜板箱；5—溜板与刀架；6—尾架；7—丝杠；8—光杠；9—床身

#### 1. 主轴变速箱

它固定在床身的左端，装在主轴箱中的主轴通过夹盘等夹具装夹工件。主轴箱的功能是支承并传动主轴，使主轴带动工件按照规定的转速旋转。

车床的组成及操作

#### 2. 溜板和刀架部件

它位于床身的中部，并可沿床身上的刀架轨道做纵向移动。刀架部件位于溜板上，其功能是装夹车刀，并使车刀做纵向、横向或斜向运动。

#### 3. 尾座

它位于床身的尾座轨道上，并可沿导轨纵向调整位置。尾座的功能是用后顶尖支承工件。在尾座上还可以安装钻头等加工刀具，以便进行孔加工。

#### 4. 进给箱

它固定在床身的左前侧、主轴箱的底部，其功能是改变被加工螺纹的螺距或机动进给的进给量。

#### 5. 溜板箱

它固定在刀架部件的底部，可带动刀架一起做纵向和横向进给及快速移动或螺纹加工。在溜板箱上装有各种操作手柄及按钮，工作时工人可以方便地操作机床。

**6. 床身**

床身固定在左床腿和右床腿上，是机床的基本支撑件。在床身上安装着机床的各个主要部件，工作时床身可使它们保持准确的相对位置。

## 二、CA6140 型车床的运动

车床的运动主要由主运动、进给运动和其他辅助运动等组成。

车床的主运动是工件的旋转运动，它是由主轴通过卡盘或顶尖带动工件旋转的。电动机的动力通过主轴箱传给主轴，主轴一般只需要单方向的旋转运动，只有在车螺纹时才需要用反转来退刀。CA6140 用操纵手柄通过摩擦离合器来改变主轴的旋转方向。

车削加工要求主轴能在很大的范围内调速，普通车床调速范围一般大于 70。主轴的变速是靠主轴变速箱的齿轮等机械有级调速来实现的，变换主轴箱外的手柄位置可以改变主轴的转速。

进给运动是溜板带动刀具做纵向或横向的直线移动，也就是使切削能连续进行下去的运动。所谓纵向运动是指相对于操作者的左右运动，横向运动是指相对于操作者的前后运动。

车螺纹时要求主轴的旋转速度和进给的移动距离之间保持一定的比例，所以主运动和进给运动要由同一台电动机拖动，主轴箱和车床的溜板箱之间通过齿轮传动来连接，刀架再由溜板箱带动，沿着床身导轨做直线走刀运动。

车床的辅助运动包括刀架的快进与快退、尾架的移动与工件的夹紧和松开等。为了提高工作效率，车床刀架的快速移动由一台单独的进给电动机拖动。

## 三、机床电气原理图的识读

**1. 电气原理图样**

根据机床的机械运动形式对电气控制系统的要求，采用国家统一规定的电气原理图形符号和文字符号，按照电气设备和电器的工作顺序，详细表示电路、设备或成套装置的全部基本组成和连接关系，而不考虑其实际位置的一种简图叫电气控制系统图。电气控制系统图能充分表达电气控制系统的组成、结构与工作原理，是电气线路安装、调试和维修的理论依据。

电气控制系统图由图形符号和文字符号组成，并按照 GB/T 6988. 1—2008《电气技术用文件的编制　第 4 部分》中的规定来绘制。图形符号表示电器设备的图形、标记或字符。这些图形符号必须采用国家标准来表示，如 GB/T 728. 7—2008《电气简图用图形符号　第 7 部分》、GB/T 4728. 9—2008《电气简图用图形符号　第 9 部分》及 GB/T 5465. 11—2007《电气设备用图形符号基本原则》等。文字符号用于标明电气设备、装置和元器件的名称及电路的功能、状态和特征，分为基本文字符号和辅助文字符号。

电气控制系统图一般有电气原理图、电气布置图及电气安装接线图三种。

1）电气原理图

电气原理图是根据电气控制系统的工作原理绘制的。它采用电器元件展开的形式，利用图形符号和项目代号来表示电路中各元件导电部件和接线端子的连接关系。图 9-2 所示为某机床电气原理图。

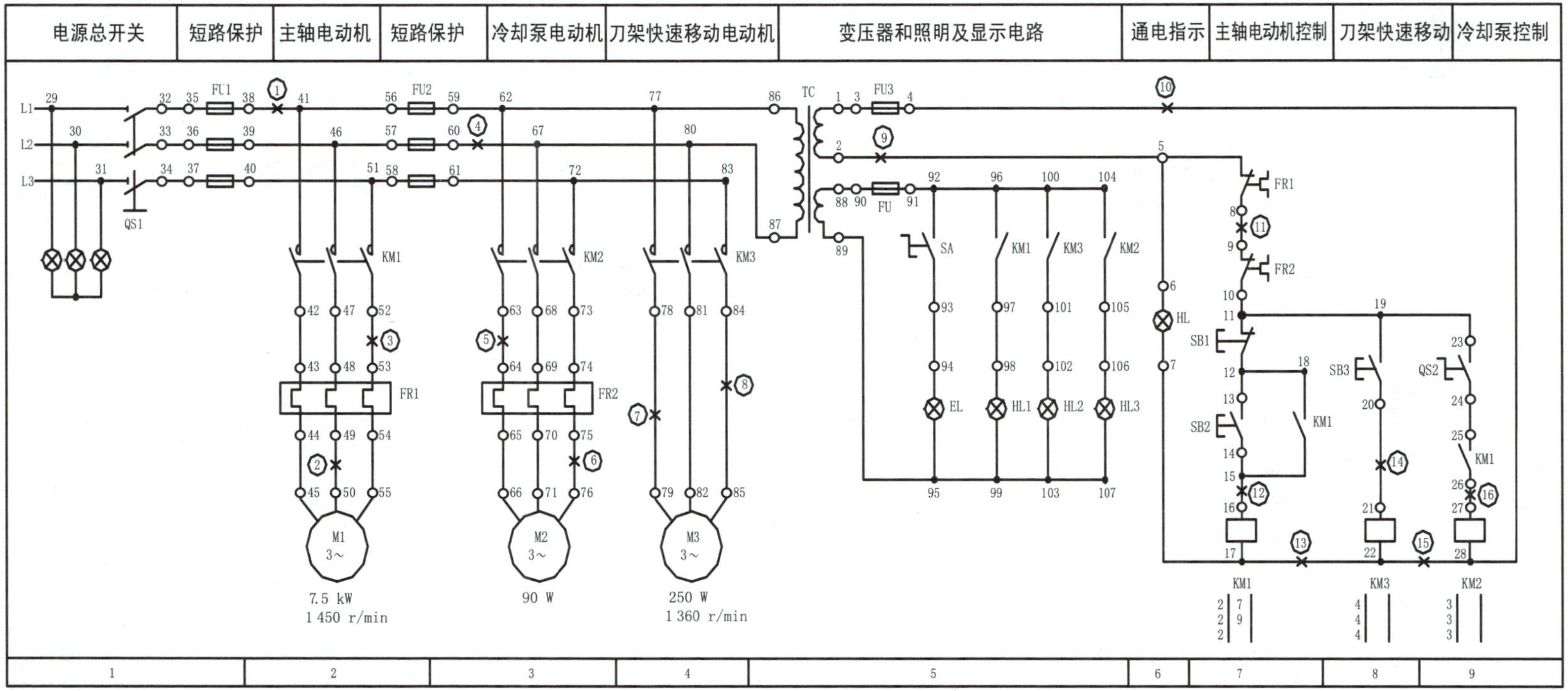


图 9－2 某机床电气原理图

（1）电气原理图的组成。

根据电路中电流的大小，电气原理图可分为主电路和控制电路。主电路是从电源到电动机或线路末端的电路，是强电流通过的电路。主电路一般由熔断器、接触器的主触头、热继电器的发热元件以及电动机等组成。控制电路是接触器线圈所在的电路，包括接触器的辅助触点、按钮、热继电器辅助触点等。辅助电路也是控制电路的一部分，包括照明电路、信号电路及保护电路等。

（2）绘制电气原理图的原则。

①图面区域的划分。为了方便阅读和检索电气原理图，常将原理图进行图面分区。横边从左到右用阿拉伯数字分别编号，竖边从上到下用英文字母区分，分区代号用该区域的字母和数字表示。通常情况下，竖边的字母可以省略，即只用数字表示。

原理图图面区域横向最上面的说明，如“主轴电动机”“冷却泵电动机”等表明对应区域下方元件的名称或电路的功能，以便于理解全电路的工作原理。

②符号位置索引。在较复杂的电气原理图中，对继电器、接触器线圈的文字符号下方要标注其触点位置索引，而在触点文字符号下方要标注其线圈位置索引。符号位置索引用图号、页次和图区编号的组号表示。索引代号的组成如下：

[1] / [2] · [3]

[1] —— 表示图号

[2] —— 表示页次

[3] —— 表示图区号

例如：“901/1 · 5”索引，表示电气元件的符号位置在图号为 901 的第 1 页第 5 区。如果该图号仅为 1 页，则可以省去页次，用“901/5”表示即可。

如果元件相关的各符号元素出现在同一图号的图样上，而该图号有几张图样，则索引代号可省去图号，用“1/5”“3/4”表示。当元件相关的各符号元素出现在只有一张图样的不同区域时，索引代号只用图区号表示，如图区 C4 中接触器主触点 KM 下面的 4，即为最简略的索引代号，它指出接触器 KM 的线圈位置在本图区的第 4 区。

在电气原理图中，接触器或继电器线圈与触点的从属关系可用附图表示，即在原理图中相应线圈的下方给出触点的图形符号，并在其下面注明相应触点的索引代号；对未使用的触点用“ × ”表明。如图中接触器 KM 线圈下端，其触点的位置索引中，左栏为主触点所在的图区号，中栏为辅助常开触点所在的图区号，右栏为辅助常闭触点所在的图区号。

③原理图中要给出导线的线号，线号可根据电源的类型来设置。原理图采用电路编号法，即对电路中的各个接点用字母或数字编号。

主电路在电源开关的出线端按相序依次编号为 U11、V11、W11，然后按从上至下、从左至右的顺序，每经过一个电气元件后，编号要递增，如 U12、V12、W12，U13、V13、W13、…。辅助电路编号按“等电位”的原则从上至下、从左至右的顺序用数字依次编号，每经过一个电气元件后，编号要依次递增；控制电路编号的起始数字必须是 1，其他辅助电路编号的起始数字依次递增100，如照明电路编号从101开始、指示电路编号从201开始等。

2）电气元件布置图

电气元件布置图主要是指用来表明各种电气设备在机械设备上和电气控制柜中的实际安装位置，采用简化的外形符号（如正方形、矩形、圆形等）而绘制的一种简图，为机械电气控制设备的制造、安装、维修提供必要的资料。它不表达各电气元件的具体结构、作用、接线情况以及工作原理，主要用于电气元件的布置和安装。图中各电气元件的文字符号必须与电路图和接线图的标注相一致。在实际中，电路图、接线图和布置图要结合起来使用。

机床电气元件布置图主要包括机床电气设备布置图、电气控制柜及配电盘电气元件布置图、操纵台电气设备布置图等。在绘制电气设备布置图时，所有能见到的以及需要表示清楚的电气设备，均用粗实线绘制出简单的外形轮廓；其机械部件的轮廓用双点画线表示；图样中要表示出元器件的安装位置、安装方式以及电线的走线路径。图9-3所示为某机床控制配电盘布置图。

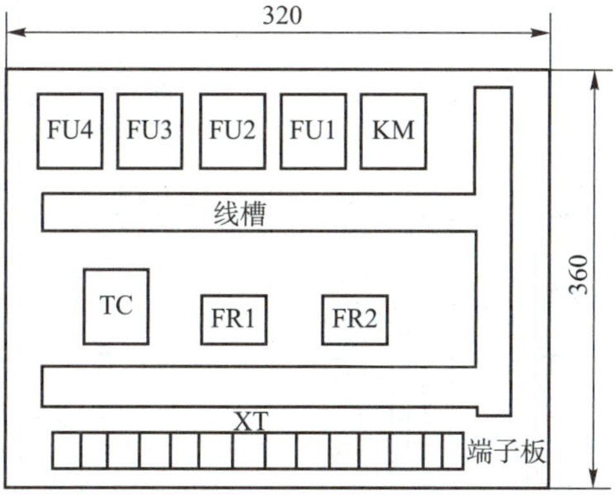


图9-3　某机床控制配电盘布置图

3）电气安装接线图

电气安装接线图是为安装电气设备时进行配线或检查维修电气控制电路故障服务的，其根据电气设备与电气元件的实际位置和安装情况绘制，只用来表示电气设备和电气元件的位置、配线方式和接线方式，而不明显表示电气动作原理。绘制安装接线图应遵循以下原则：

（1）各电气元件用规定的图形符号、文字符号绘制，同一电气元件各部件必须画在一起，各电气元件的位置应与实际安装位置一致。

（2）不在同一控制柜或配电盘上的电气元件的电气连接，必须通过端子板进行转接，各电气元件的文字符号及端子板的编号应与原理图一致，并按原理图的接线进行连接。

（3）画导线时，应标明导线的规格、型号、根数和穿线管的尺寸，走向相同的多根导线可用单线表示。

图9-4所示为某机床电气安装接线图。

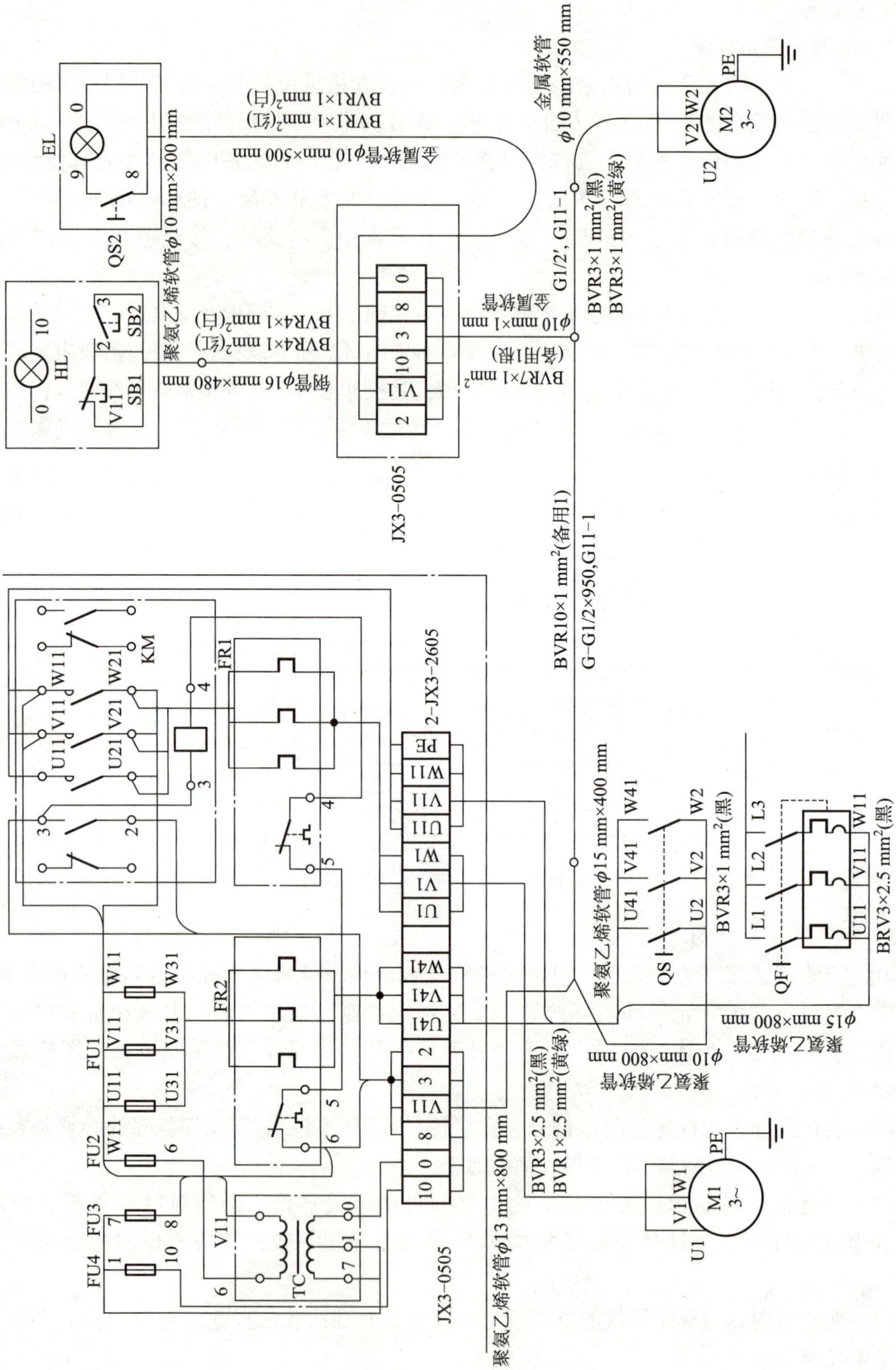


图 9－4　某机床电气安装接线图

## 2. 电气控制电路的分析方法及电气故障检修技巧

1）电气控制电路的分析方法

电气原理图的阅读分析方法最为重要，仔细阅读设备说明书，在了解电气控制系统总体结构、电动机和电气元件分布状况及控制要求的基础上才可以分析电气原理图。电气原理图的分析步骤如图 9–5 所示。

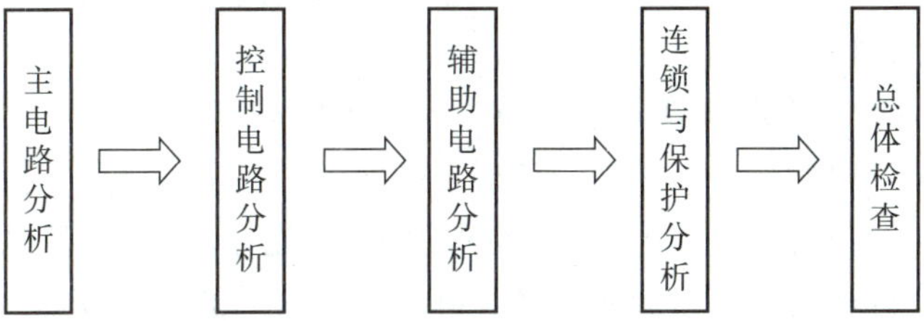


图 9–5　电气原理图的分析步骤

（1）主电路分析。

从主电路入手，根据每台电动机或电磁阀等执行电路的控制要求去分析其控制内容。控制内容包括启动、制动、方向控制和调速等基本控制环节。

（2）控制电路分析。

根据主电路各电动机或电磁阀等执行电器的控制要求，逐一找出控制电路中的控制环节，利用前面学过的电动机控制基本环节的相关知识，按功能的不同划分成若干个局部控制电路来进行电路分析。

（3）辅助电路分析。

辅助电路包括电源显示、工作状态显示、照明和故障报警等，它们大多是由控制电路中的电气元件来控制的，所以电路分析时，还要再对照控制电路进行分析。

（4）连锁与保护环节分析。

机床对于安全性和可靠性有很高的要求，为实现这些要求，除了合理地选择拖动和控制方案外，在控制电路中还设置了一系列的电气保护和必要的电气连锁。

（5）总体检查。

通过“化整为零”的方法，逐步分析了每一个局部电路的工作原理及各部分之间的控制关系后，还必须用“集零为整”的方法检查整个控制电路，看看是否有遗漏。特别要从整体角度进一步检查和理解各控制环节之间的联系，理解电路中每个元件所起的作用。

2）电气故障检修的一般步骤

（1）观察和调查故障现象：电气故障现象是多种多样的。例如，同一类故障可能有不同的故障现象，不同类故障可能有同种故障现象，这种故障现象的同一性和多样性给查找故障带来了困难。但是，故障现象是检修电气故障的基本依据，是电气故障检修的起点，因而要对故障现象进行仔细观察、分析，找出故障现象中最主要、最典型的方面，弄清故障发生的时间、地点和环境等。

（2）分析故障原因，初步确定故障范围，缩小故障部位：根据故障现象分析故障原因是电气故障检修的关键。分析的基础是电工电子基本理论，是对电气设备构造、原理、性能的充分理解，是电工电子基本理论与故障实际的结合。某一电气故障产生的原因可能很多，重要的是在众多原因中找出最主要的原因。

(3) 确定故障的部位，判断故障点：确定故障部位是电气故障检修的最终目标和结果。确定故障部位可理解成确定设备的故障点，如短路点、损坏的元器件等，也可理解成确定某些运行参数的变异，如电压波动等。确定故障部位是在对故障现象进行周密考察和细致分析的基础上进行的。在这一过程中，往往要采用下面将要介绍的多种手段和方法。

在完成上述工作的过程中，实践经验的积累起着重要的作用。

3) 电气故障检测的一般技巧

(1) 熟悉电路原理，确定检修方案：当一台设备的电气系统发生故障时，不要急于动手拆卸，首先要了解该电气设备产生故障的现象、经过、范围、原因，熟悉该设备及电气系统的基本工作原理，分析各个具体电路，弄清电路中各级之间的相互联系以及信号在电路中的来龙去脉，结合实际经验，经过周密思考，确定一个科学的检修方案。

(2) 先机损、后电路：电气设备都以电气—机械原理为基础，特别是机电一体化的先进设备，机械和电子在功能上有机配合，是一个整体的两个部分。往往机械部件出现故障会影响电气系统，许多电气部件的功能就不起作用。因此，不要被表面现象迷惑。电气系统出现故障并不全部都是电气本身问题，还有可能是由机械部件发生故障所造成的。因此，先检修机械系统所产生的故障，再排除电气部分的故障，往往会产生事半功倍的效果。

(3) 先简单、后复杂：检修故障要先用最简单易行、自己最拿手的方法去处理，再采用复杂、精确的方法。排除故障时，先排除直观、显而易见、简单常见的故障，后排除难度较高、没有处理过的疑难故障。

(4) 先检修通病，后攻疑难杂症：电气设备经常产生相同类型的故障，即“通病”。由于通病比较常见，积累的经验较丰富，因此可快速排除，这样就可以集中精力和时间排除比较少见、难度高、古怪的疑难杂症，简化步骤，缩小范围，提高检修速度。

(5) 先外部调试、后内部处理：外部是指暴露在电气设备密封件外部的各种开关、按钮、插口及指示灯；内部是指在电气设备外壳或密封件内部的印制电路板、元器件及各种连接导线。先外部调试、后内部处理，就是在不拆卸电气设备的情况下，利用电气设备面板上的开关、旋钮和按钮等调试检查，缩小故障范围。首先排除外部部件引起的故障，再检修机内的故障，尽量避免不必要的拆卸。

(6) 先不通电测量、后通电测试：首先在不通电的情况下对电气设备进行检修，然后再在通电情况下对电气设备进行检修。对许多发生故障的电气设备进行检修时，不能立即通电，否则会人为扩大故障范围，烧毁更多的元器件，造成不应有的损失。因此，在故障机通电前，先进行电阻测量，采取必要的措施后方能通电检修。

(7) 先公用电路、后专用电路：任何电气系统的公用电路出故障，其能量、信息就无法传送、分配到各具体专用电路，专用电路的功能、性能就不起作用。如一个电气设备的电源出现故障，整个系统就无法正常运转，向各种专用电路传递的能量和信息就不可能实现。因此，遵循先公用电路、后专用电路的顺序，就能快速、准确地排除电气设备的故障。

**3. 变压器**

1) 变压器的结构

变压器是利用电磁感应的原理来改变交流电压的装置，主要构件是初级线圈（一次线圈)、次级线圈(二次线圈)和铁芯(磁芯)。常见的单相变压器如图 9-6 所示。

变压器输入电源的绕组叫作初级线圈,也叫作一次线圈。变压器输出电源的绕组叫作次级线圈,也叫二次线圈。

变压器的主要功能有电压变换、电流变换、阻抗变换、隔离和稳压(磁饱和变压器)等。

2)变压器的工作原理

变压器的工作原理示意图如图 9-7 所示。

图 9-6 单相变压器

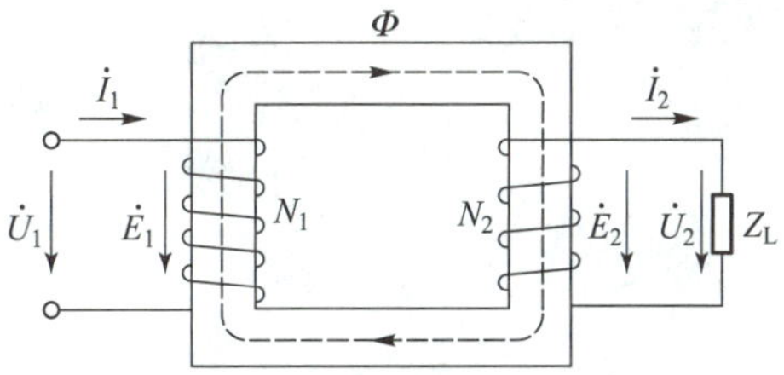


图 9-7 变压器的工作原理示意图

一次线圈、二次线圈的匝数分别为 $N_1$ 和 $N_2$。当变压器的一次线圈接上交流电压 $\dot{U}_1$ 时,一次线圈中便有电流 $\dot{I}_1$ 通过。电流 $\dot{I}_1$ 在铁芯中产生闭合磁通 $\Phi$,磁通 $\Phi$ 随 $\dot{I}_1$ 的变化而变化,从而在二次线圈中产生感应电动势。如果二次线圈接有负载,则在二次绕组和负载组成的回路中有负载电流产生。

变压器中一、二次线圈的电压之比为

$$\frac{U_1}{U_2}\approx\frac{E_1}{E_2}=\frac{N_1}{N_2}=K \tag{9-1}$$

变压器中一、二次线圈的电流之比为

$$\frac{I_1}{I_2}\approx\frac{N_1}{N_2}=\frac{1}{K} \tag{9-2}$$

变压器二次线圈上的阻抗等效示意图如图 9-8 所示。

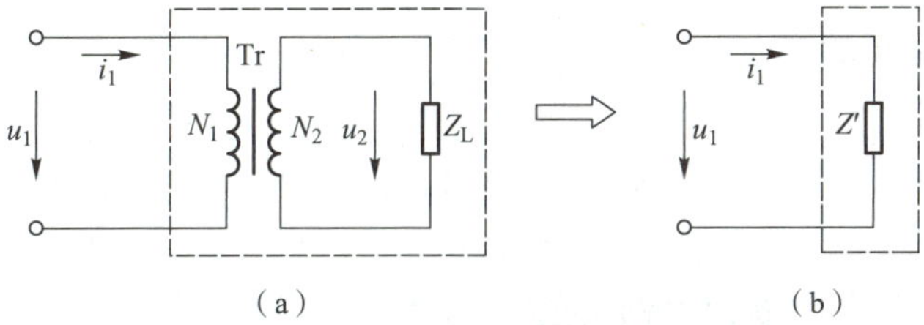


图 9-8 变压器二次线圈上的阻抗等效示意图

(a)负载运行电路;(b)折算到一次绕组的等效阻抗

二次线圈上的阻抗与一次线圈的等效阻抗之间的关系为

$$|Z'|=K^2|Z_L| \tag{9-3}$$

3）机床控制变压器

机床电路比较复杂，机床主电路电压为380 V，而控制电路、辅助电路、照明电路电压与主电路不同，需要机床控制变压器输出不同的电压。以CA6140型车床为例，主电路电压为380 V，控制电路电压为220 V，照明电路电压为36 V，指示电路电压为6 V。那么，以图9-9所示的控制变压器为例，输入电压有两种，0—2为220 V和0—3为380 V。根据不同的输出电压可选择不同的输出端口，如11—16输出电压为220 V，11—15输出电压为36 V，11—13输出电压为6 V。不同的控制变压器输入、输出端口有所不同，应认真阅读变压器铭牌上的端口标识。

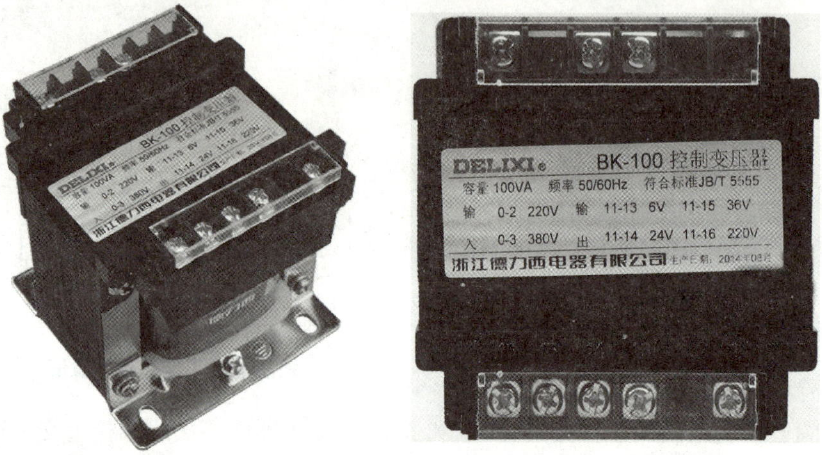


图9-9 控制变压器

## 四、CA6140型车床主轴电动机电气控制及常见故障

### 1. 主轴电动机电气控制分析

由图9-10所示CA6140型车床电气原理图可知，主轴电动机主电路在2号线路，控制电路在7号线路，两个线路从总电路中分离后组合成如图9-11所示电路。

主轴电动机工作过程为：合上开关QS1，按下7号线路中启动按钮SB2，KM1线圈得电，2号线路中KM1主触点闭合，M1电动机运行。

按下7号线路中的停止按钮SB1，KM1线圈失电，2号线路中的主触点断开，M1电动机停转。

### 2. 主轴电动机常见故障

1）主轴电动机不能启动

发生主轴电动机不能启动的故障时，首先检查故障是发生在主电路还是控制电路，若按下启动按钮，接触器KM1不吸合，则此故障发生在控制电路，重点应检查FU3是否熔断，过载保护FR1是否动作，接触器KM1的线圈接线端子是否松脱，按钮SB1、SB2的触点接触是否良好。检查主轴电动机控制电路的某一处导线是否松动或者断路，若故障发生在主电路，则应检查车间配电箱及主电路开关熔断器的熔丝是否熔断、导线连接处是否有松脱现象、KM1主触点的接触是否良好。

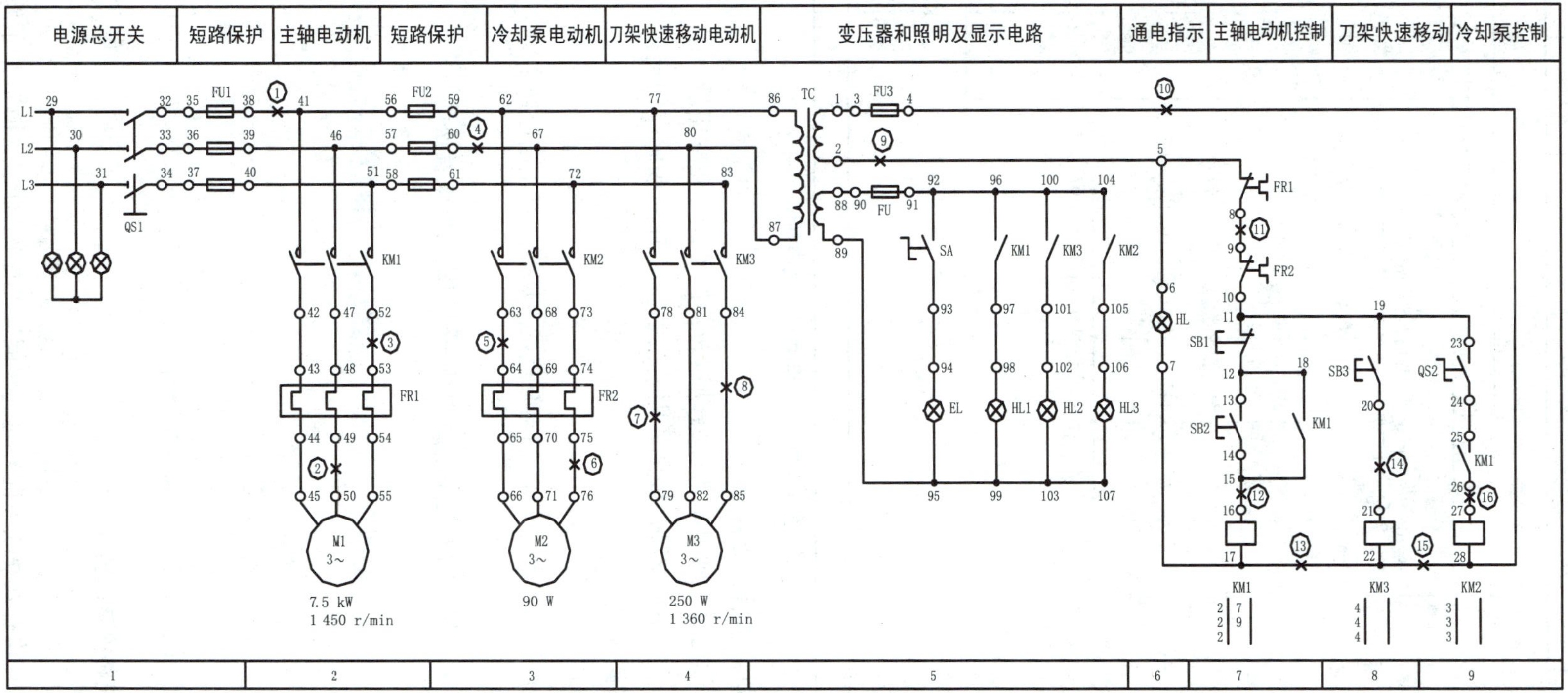


图 9－10　CA6140 型车床电气原理图

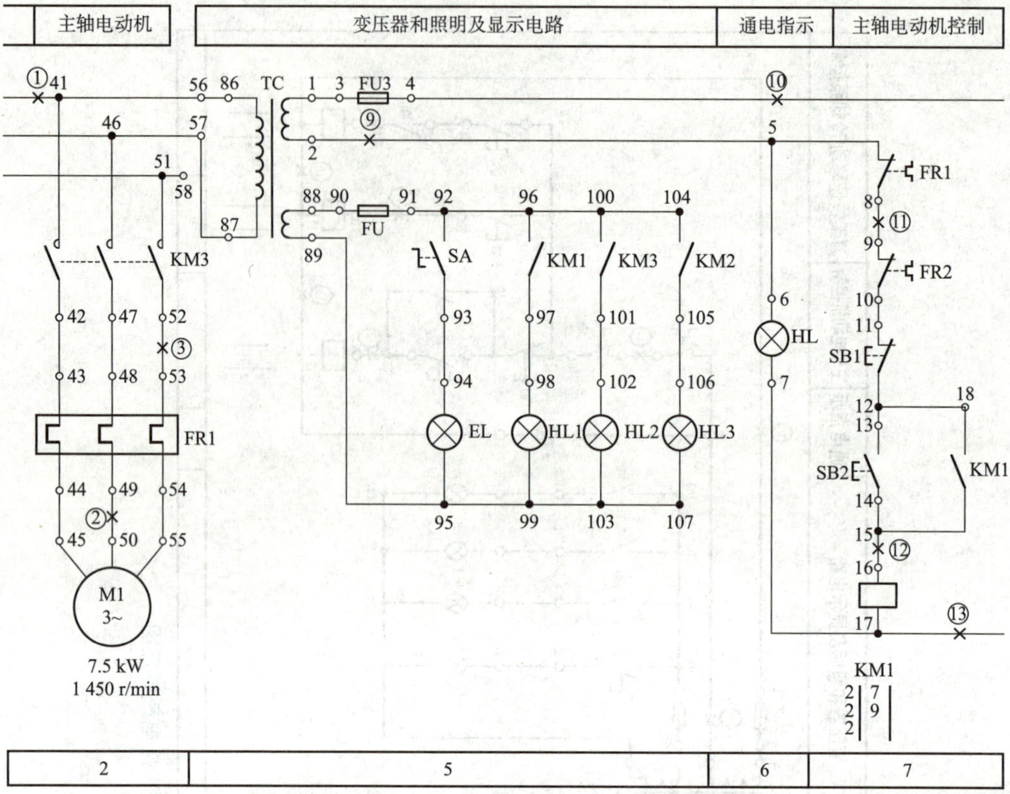


图 9-11　主轴电动机电气控制图

2）主轴电动机启动后不能自锁

当按下启动按钮后，主轴电动机能启动运转，但松开启动按钮后，主轴电动机也随之停止。造成这种故障的原因是接触器 KM1 自锁触点的连接导线松脱或接触不良。

车床主轴电机分析

3）主轴电动机不能停止

造成这种故障的原因多数为 KM1 的主触点发生熔焊或停止按钮被击穿。

4）主轴电动机缺相

造成主轴电动机缺相的原因是主电路中某一根相线断路或者松动。

## 任务二　CA6140 型车床刀架快速移动电动机故障检测

### ■ 任务资讯

### 一、电气控制线路故障的检查和排除方法

**1. 电气控制线路检查的方法**

1）故障查询

故障查询就是在检查处理故障前，通过“问”“看”“听”“摸”来了解故障发生前后的详细情况，以便能迅速地判断出故障的具体部位，及时准确地排除故障。

（1）问：向操作者详细了解故障发生前后的具体情况，了解故障是偶尔发生还是经常发生；故障发生前有无频繁启动、停止或过载；是否经过检修、维护或改动控制线路等；发生故障时有哪些现象（如声响、冒烟、弧光或起火）。

（2）看：断路器是否跳闸，熔体是否熔断；指示仪表显示是否异常；电气元件有无损坏、烧毁、触点熔焊、接线脱落及断线等。

（3）听：仔细倾听电动机、变压器和电气元件运行时的声音是否正常。

（4）摸：电动机绕组、变压器和电磁线圈等出现故障时，表面温度明显上升，此时可切断电源进行触摸检查。

2）断电检查法

断电检查时，可用万用表测量线路的通断和元器件的好坏；也可采用替换法，如果怀疑某个元件有问题，外观检查正常，可以用新的元件替换它，然后送电检测，若此时电路恢复正常，则说明此元件损坏。

3）电阻法

电阻法，就是使用万用表的电阻挡，检测电路的电阻值是否正常。此法是检测电路断路或短路的有效方法。检测断路故障时，应采用高阻挡，若检测线路的电阻值接近无穷大，则可断定该线路断路。检测短路故障时，应采用低阻挡，若检测线路的电阻值几乎为零，则可断定该线路短路。线路中接有对绝缘电阻很高的元器件（如测线圈等）时，应尽量将与之相关的并联回路断开（特别是线路中接有变压器），以避免发生回路影响。用电阻法检测故障时，一定要断开电源，不许带电检测。

4）通电检查法

当外部检查解决不了故障时，可对所修设备通电进行检查。

（1）通电检查时，要把检测仪表、调节器和线路上的转换开关置于零位，行程开关还原到正常位置，将主动机及其所连传动机构尽量脱开，确认上述完成后进行通电。通电后应检查主电源是否正常，包括电源电压是否正常及有无缺相等。主电源正常后，再检查控制线路。检查控制线路需开动机床，这必须与操作者配合进行，以免发生意外故障。

（2）通电检查时，应分步进行，先易后难，根据电气控制线路的工作原理，尽量缩小检查范围，以便迅速查出故障所在。一般检查顺序为：先查控制线路，后查主电路；先开关电路，后调整电路；先查常见故障部位，后查特殊故障部位。对于复杂的电气控制线路，应事先确定故障大致范围，再拟定一个检查步骤，即将复杂的控制线路划成几个单元或环节，按步骤、有目的地进行检查。

（3）通电检查时，也可采用分片试验法，即先断开所有的开关，取下所有的熔体，然后按送电顺序逐一插入所查部位的熔体。合上开关后，观察熔体是否熔断，线路、元器件有无冒烟和冒火现象。如果送电正常，再试送各部位的运作指令，观察各接触器、继电器和行程开关是否按要求顺序动作，即可发现故障。

5）电压法

电压法，就是使用万用表的电压挡，检测电路的在线电压，检测电压时，首先应注意选择合适的电压挡（一般情况选择比线路电压高一级挡位）。注意被检测电路是直流还是交流，以避免损坏仪表。

一般检测顺序为：先检测电源电压或主电路的电压，看其是否正常，再检查开关、接触器、继电器和接线端子应接通的两端，若万用表上有电压指示，则说明该元件断路；对于有阻值线圈的元件，若其两端的电压值正常，电磁机构不动作，则说明该线圈断路或损坏。

采用电压法检测电路，应在电路接通的情况下进行。此时，一定要注意人身安全，不可使用未绝缘导电工具或裸露身体接触带电部位，以免发生安全事故。

以上这些故障排除的方法是人们在长期的实际工作中，经过不断的摸索、不断的实践，总结而积累起来的经验，是一种非常实用的电气线路故障排除技术。作为一名维修电工，应该很好地掌握这些排故的方法，并且能在实际的工作中灵活应用。

**2. 使用万用表检查故障的操作步骤**

（1）万用表机械调零、电气调零。

（2）检查万用表好坏，置电阻“R×1”挡，测元器件线圈，表针不动。

（3）置电阻“R×1”挡，检查熔芯好坏。

（4）电笔测柜壳，合总开关，不漏电。

（5）电笔测电。

（6）按从左到右、从上到下的顺序，一个回路、一个回路地通电测试，检查故障，并给予排除。

## 二、CA6140 型车床刀架快速移动电动机电气原理图分析

**1. 刀架快速移动电动机电气原理图分析**

由 CA6140 型车床电气原理图可以看出，刀架快速移动电动机主电路在 4 号线路，控制电路在 8 号线路。图 9–12 所示为刀架快速移动电动机电气控制图。

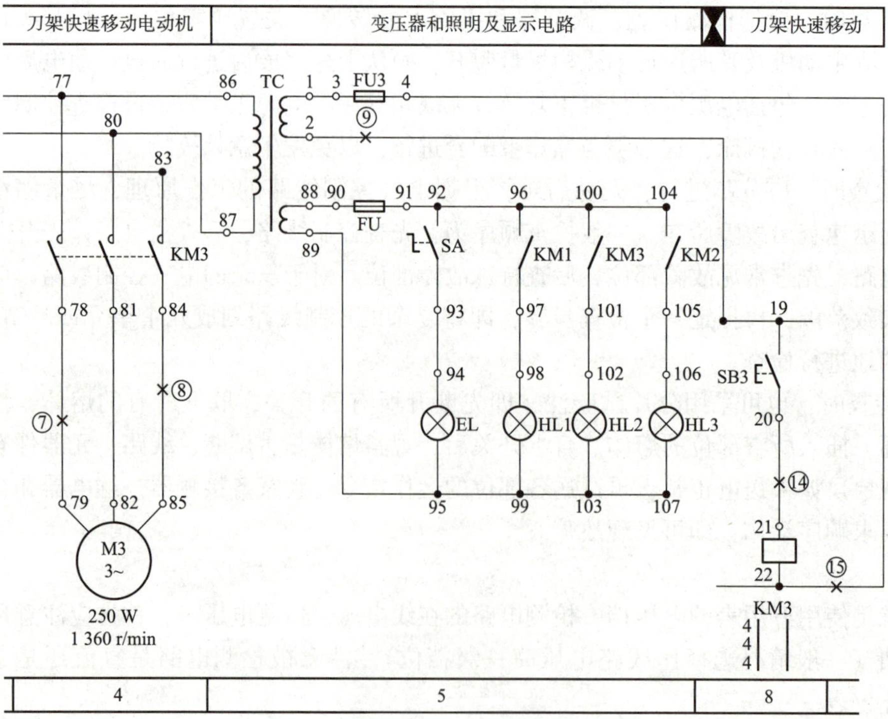


图 9–12　刀架快速移动电动机电气控制图

刀架快递移动电机分析

刀架快速移动电动机工作过程分析：8 号线路中，按下按钮 SB3，KM3 线圈得电，4 号线路中 KM3 主触点闭合，刀架快速移动电动机 M3 启动；松开按钮 SB3，KM3 线圈失电，KM3 主触点断开，M3 电动机停止转动。

**2. 刀架快速移动电动机常见故障**

1）刀架快速移动电动机缺相

刀架快速移动电动机缺相的现象是启动按钮按下，对应的接触器 KM3 线圈吸合，电动机不转，但稍微转动电动机转子，电动机可以运行。其可能原因是刀架快速移动电动机电源相线断路或者导线松动。图 9–13 中可能的线路故障点在⑦和⑧。

2）刀架快速移动电动机不启动

刀架快速移动，按下按钮 SB3 后，接触器线圈 KM3 不得电，那么故障点可能在控制电路中。图 9–13 中可能的故障点在⑭。

## 任务三　CA6140 型车床电气故障检测

### ■ 任务资讯

### 一、CA6140 型车床电气原理图分析

**1. 主电路分析**

主电路中共有三台电动机：M1 主轴电动机，带动主轴旋转和刀架做进给运动；M2 为冷却泵电动机；M3 为刀架快速移动电动机。

三相交流电源通过开关 QS1 引入。主轴电动机 M1 由接触器 KM1 控制启动，热继电器 FR1 为主轴电动机 M1 的过载保护。冷却泵 M2 由接触器 KM2 控制启动，热继电器 FR2 为它的过载保护。刀架快速移动电动机 M3 由接触器 KM3 控制启动，由于 M3 短时工作，故未设过载保护。

**2. 控制电路分析**

控制回路的电源由控制变压器 TC 输出的 127 V 电压提供。

（1）主轴电动机的控制。按下启动按钮 SB2，接触器 KM1 的线圈获电动作，其主触头闭合，主轴电动机启动运行。同时，KM1 有自锁触头和另一副常开触头闭合。按下按钮 SB1，主轴电动机 M1 停车。

（2）冷却电动机控制。如果在车削加工过程中需要使用冷却液，则可以合上开关 QS2，在主轴电动机 M1 运转的情况下，接触器 KM2 线圈获电吸合，其主触头闭合，冷却泵电动机获电运行。由电气原理图可知，只有电动机 M1 启动后，冷却泵电动机 M2 才有可能启动，当 M1 停止运行时，M2 也自动停止。

（3）刀架快速移动电动机的控制。刀架快速移动电动机 M3 的启动是由按钮 SB3 来控制的，它与接触器 KM3 组成点动控制环节。将操纵手柄扳到所需的方向，按下按钮 SB3，接触器 KM3 获电吸合，M3 启动，刀架即向指定方向快速移动。

**3. 照明、信号灯电路分析**

控制变压器 TC 的副边分别输出 36 V 和 127 V 的电压，作为机床低压照明灯、信号灯的电源。EL 为机床的低压照明灯，由开关 SA 控制；HL 为电源的信号灯。它们分别采用 FU 和 FU3 作为短路保护。

## 二、CA6140 型车床常见故障分析

（1）038 至 041 间断路，全部电动机均缺一相，所有控制回路失效。

（2）049 至 050 间断路，主轴电动机缺一相。

（3）052 至 053 间断路，主轴电动机缺一相。

（4）060 至 067 间断路，M2、M3 电动机缺一相，控制回路失效。

（5）063 至 064 间断路，冷却泵电动机缺一相。

（6）075 至 076 间断路，冷却泵电动机缺一相。

（7）078 至 079 间断路，刀架快速移动电动机缺一相。

（8）084 至 085 间断路，刀架快速移动电动机缺一相。

（9）002 至 005 间断路，除照明灯外，其他控制均失效。

（10）004 至 028 间断路，控制回路失效。

（11）008 至 009 间断路，指示灯亮，其他控制均失效。

（12）015 至 016 间断路，主轴电动机不能启动。

（13）017 至 022 间断路，除刀架快移动控制外其他控制失效。

（14）020 至 021 间断路，刀架快移电动机不启动，刀架快移动失效。

（15）022 至 028 间断路，机床控制均失效。

（16）026 至 027 间断路，主轴电动机启动，冷却泵控制失效，QS2 不起作用。

# 项目十

## M7120 平面磨床控制线路的故障检测

### 项目介绍

磨床是利用磨具对工件表面进行磨削加工的机床。大多数的磨床是使用高速旋转的砂轮进行磨削加工，少数的是使用油石、砂带等其他磨具和游离磨料进行加工。那么，本项目将带你认识磨床，并熟练掌握典型 M7120 磨床电气控制及故障排除技巧。

### 学有所获

| 序号 | 学习效果 | 知识目标 | 能力目标 |
| --- | --- | --- | --- |
| 1 | 了解 M7120 型磨床的组成及运动 | √ | |
| 2 | 掌握磨床电气图的组成及识读技巧 | √ | |
| 3 | 掌握磨床电气故障检测与排除技巧 | √ | |
| 4 | 能对 M7120 型磨床电气图进行识读 | | √ |
| 5 | 能对 M7120 型磨床电气常见故障进行检测与排除 | | √ |

# 任务一　M7120 磨床砂轮电动机常见故障检测

## ■ 任务资讯

### 一、M7120 平面磨床的组成

M7120 平面磨床的外形如图 10-1 所示。在床身中装有液压传动装置，工作台通过活塞杆由液压驱动做往复运动，床身导轨由自动润滑装置进行润滑。工作台表面有 T 形槽，用以固定电磁吸盘，再用电磁吸盘来吸持加工工件。工作台往复运动的行程长度可通过调节装在工作台正面槽中换向撞块的位置来改变。换向撞块是通过碰撞工作台往复运动换向手柄来改变油路方向，以实现工作台的往复运动的。

磨床的组成

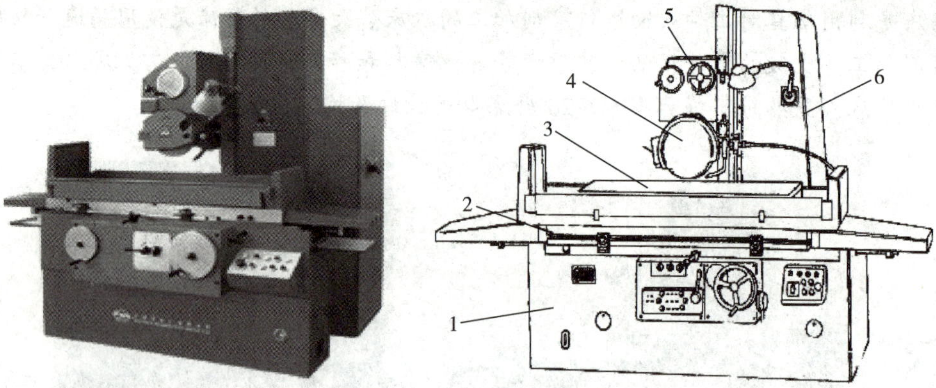


图 10-1　M7120 磨床

1—床身；2—工作台；3—电磁吸盘；4—砂轮箱；5—滑座；6—立柱

在床身上固定有立柱，沿立柱的导轨上装有滑座，砂轮箱能沿滑座的水平导轨做横向移动。砂轮轴由装入式砂轮电动机直接拖动。在滑座内部也装有液压传动机构。

滑座可在立柱导轨上做上下垂直移动，并可由垂直进刀手轮操作。砂轮箱的水平轴向移动可由横向移动手轮操作，也可由液压传动做连续或间断横向移动，连续移动用于调节砂轮位置或整修砂轮，间断移动用于进给。

### 二、M7120 平面磨床的运动控制

卧轴矩台平面磨床的主运动是砂轮的旋转运动，进给运动有垂直进给，即滑座在立柱上的上下运动；横向进给，即砂轮箱在滑座上的水平运动；纵向进给，即工作台沿床身的往复运动。工作台每完成一次往复运动，砂轮箱便做一次间断性的横向进给，当加工完成整个平面后，砂轮箱做一次间断性垂直进给。

### 三、M7120 平面磨床砂轮电动机部分电气原理图的识读

砂轮电动机部分电气控制图如图 10-2 所示。

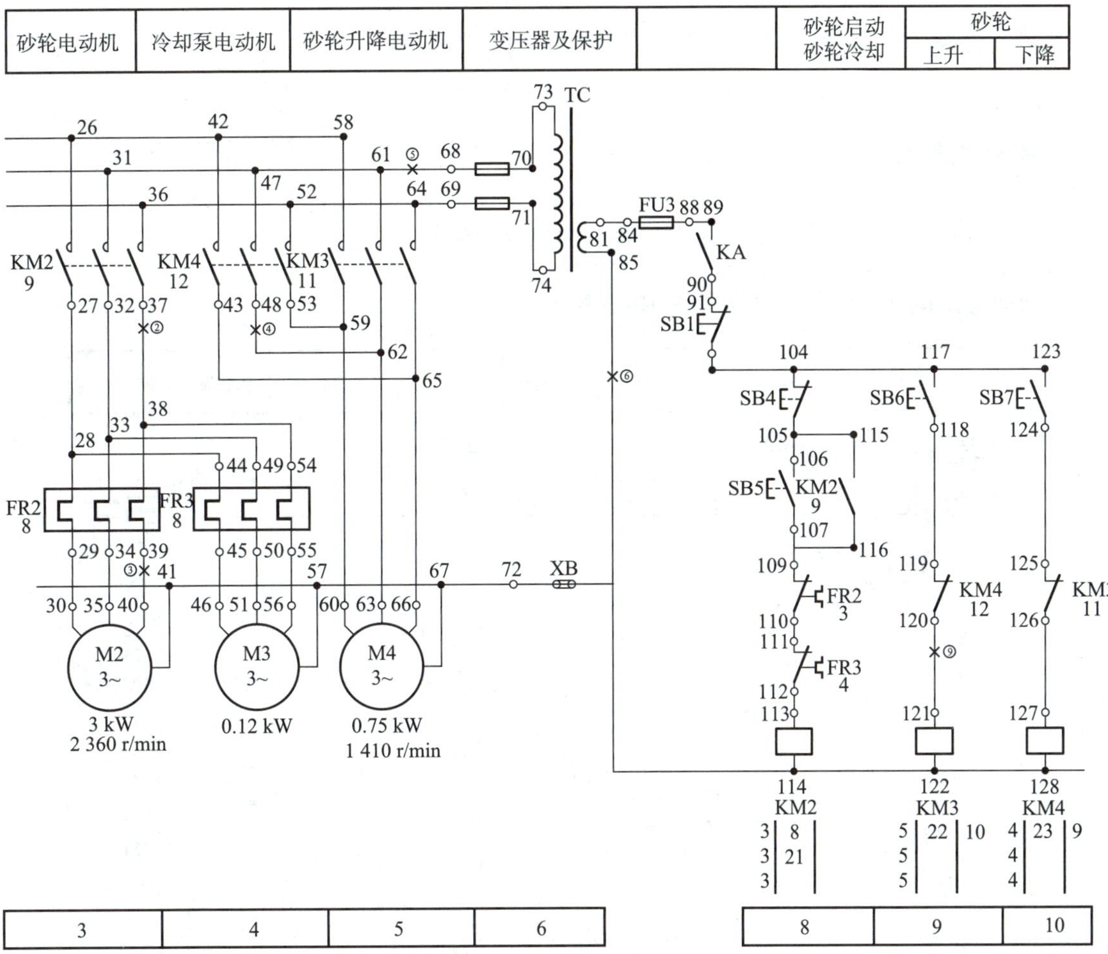


图 10-2　砂轮电动机部分电气控制图

在 M7120 磨床电气原理图中，砂轮电动机部分的电气控制图主电路在 3 ~ 5 号线路，控制电路在 8 ~ 10 号线路。

磨床电气图的分析

### 1. 砂轮电动机、冷却泵电动机的启动

砂轮电动机的启动控制主电路在 3 号线路、控制电路在 8 号线路，按下按钮 SB5，KM2 线圈得电，3 号线路中 KM2 主触点闭合，M2 电动机启动；冷却泵电动机也是由 KM2 线圈控制的，当按下按钮 SB5 时，M3 电动机也同时启动。

### 2. 砂轮升降电动机

砂轮升降电动机主电路在 4 ~ 5 号线路，由 KM4 和 KM3 接触器控制，控制电路在 9 ~ 10 号线路。

当按下点动按钮 SB6 时，接触器 KM3 线圈得电，5 号线路中 KM3 主触点闭合，M4 电动机正转，砂轮电动机上升。

当按下点动按钮 SB7 时，接触器 KM4 线圈得电，4 号线路中 KM4 主触点闭合，M4 电动机反转，砂轮电动机下降。

## 任务二　M7120 磨床电磁吸盘控制故障检测

### ■ 任务资讯

#### 一、M7120 平面磨床电磁吸盘部分电气原理图的识读

快速移动电动机电气原理图如图 10-3 所示。

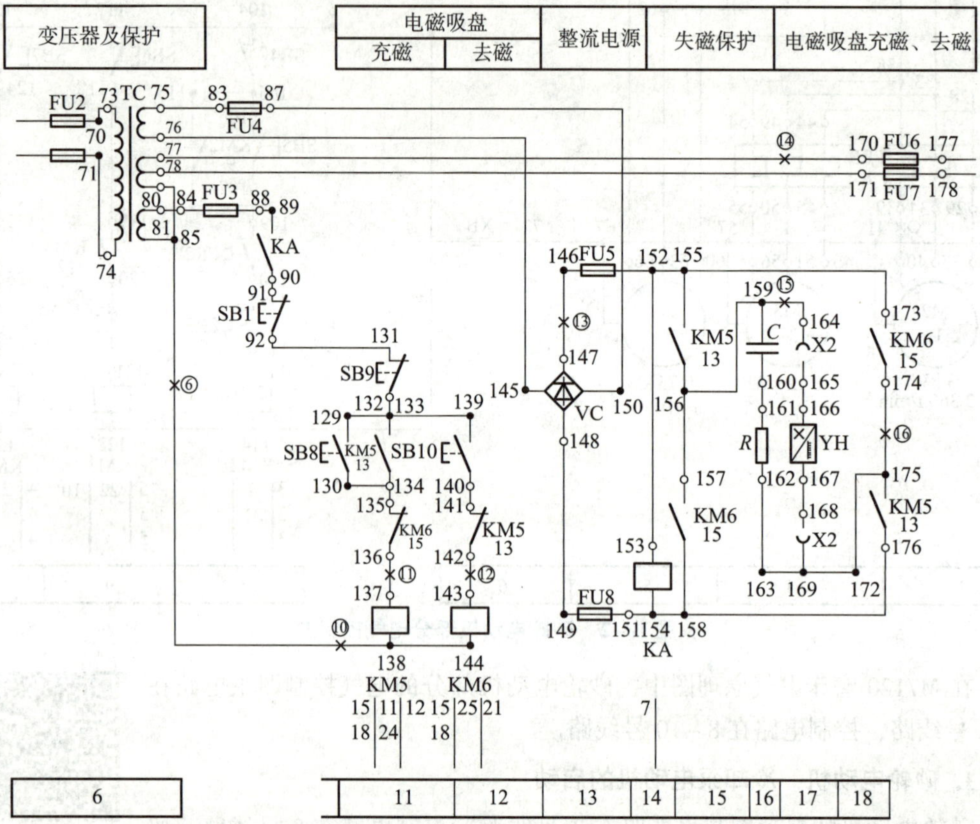


图 10-3　快速移动电动机电气原理图

电磁吸盘控制充磁和去磁的控制电路在 11～12 号线路，执行线路为 13～18 号线路。充磁线路在 11 号线路，由接触器 KM5 控制；去磁线路在 12 号线路，由 KM6 控制。

磨床电气图的分析

电磁吸盘是固定加工工件的一种夹具。利用通电导体在铁芯中产生的磁场吸牢铁磁材料的工件，以便加工。它与机械夹具相比较，具有夹紧迅速、不损伤工件、一次能吸牢若干个小工件，以及工件发热可以自由伸缩等优点，因而电磁吸盘在平面磨床上的应用十分广泛。

电磁吸盘的控制电路包括整流装置、控制装置和保护装置三个部分。

整流装置由变压器 TC 和单相桥式全波整流器 VC 组成，供给 120 V 直流电源。

控制装置由按钮 SB8、SB9、SB10 和接触器 KM5、KM6 等组成。

1）充磁过程

按下充磁按钮 SB8，接触器 KM5 线圈获电吸合，KM5 主触头（15、18 区）闭合，电磁吸盘 YH 线圈获电，工作台充磁吸住工件。同时其自锁触头闭合，联锁触头断开。磨削加工完毕，在取下加工好的工件时，先按 SB9，切断电磁吸盘 YH 的直流电源，由于吸盘和工件都有剩磁，所以需要对吸盘和工件进行去磁。

2）去磁过程

按下点动按钮 SB10，接触器 KM6 线圈获电吸合，KM6 的两对主触头（15、18 区）闭合，电磁吸盘通入反相直流电，使工作台和工件去磁。去磁时，为防止因时间过长使工作台反向磁化，再次吸住工件，因而接触器 KM6 采用点动控制。保护装置由放电电阻 $R$ 和电容 $C$ 以及零压继电器 KA 组成。

电阻 $R$ 和电容 $C$ 的作用：电磁吸盘是一个大电感，在充磁吸工件时，存储有大量磁场能量，当它脱离电源的一瞬间，吸盘 YH 的两端产生较大的自感电动势，会使线圈和其他电器损坏，故用电阻和电容组成放电回路。利用电容 $C$ 两端的电压不能突变的特点，使电磁吸盘线圈两端电压变化趋于缓慢，利用电阻 $R$ 消耗电磁能量，如果参数选配得当，此时 $R-L-C$ 电路可以组成一个衰减振荡电路，对去磁将是十分有利的。

零压继电器 KA 的作用：在加工过程中，若电源电压不足，则电磁吸盘将吸不牢工件，会导致工件被砂轮打出，造成严重事故。因此，在电路中设置了零压继电器 KA，将其线圈并联在直流电源上，其常开触头（7 区）串联在液压泵电动机和砂轮电动机的控制电路中，若电磁吸盘吸不牢工件，KA 就会释放，使液压泵电动机和砂轮电动机停转，保证了安全。

### 二、M7120 平面磨床电磁吸盘常见故障检测

电磁吸盘常见故障如下：

（1）电磁吸盘充磁和去磁失效。

电磁吸盘控制电路部分断路，可能存在于 138 或 131 号线路处。

（2）电磁吸盘不能充磁。

电磁吸盘的充磁控制电路断路，也有可能是电磁吸盘的充磁电路出现断路。

（3）电磁吸盘不能去磁。

电磁吸盘的去磁控制电路断路，也有可能是电磁吸盘的去磁电路出现断路。

（4）整流电路中无直流电，KA 继电器不动作。

13 号线路中整流桥输出端出现断路，或者 FU5 熔断器损坏，或者 KA 继电器出现断路。

## 任务三　M7120 平面磨床电气故障检测

### ■ 任务资讯

### 一、M7120 平面磨床电气原理图分析

M7120 型平面磨床的电气控制电路可分为主电路、控制电路、电磁工作台控制电路及照明与指示灯电路四部分。图 10－4 为 M7120 磨床电气图。

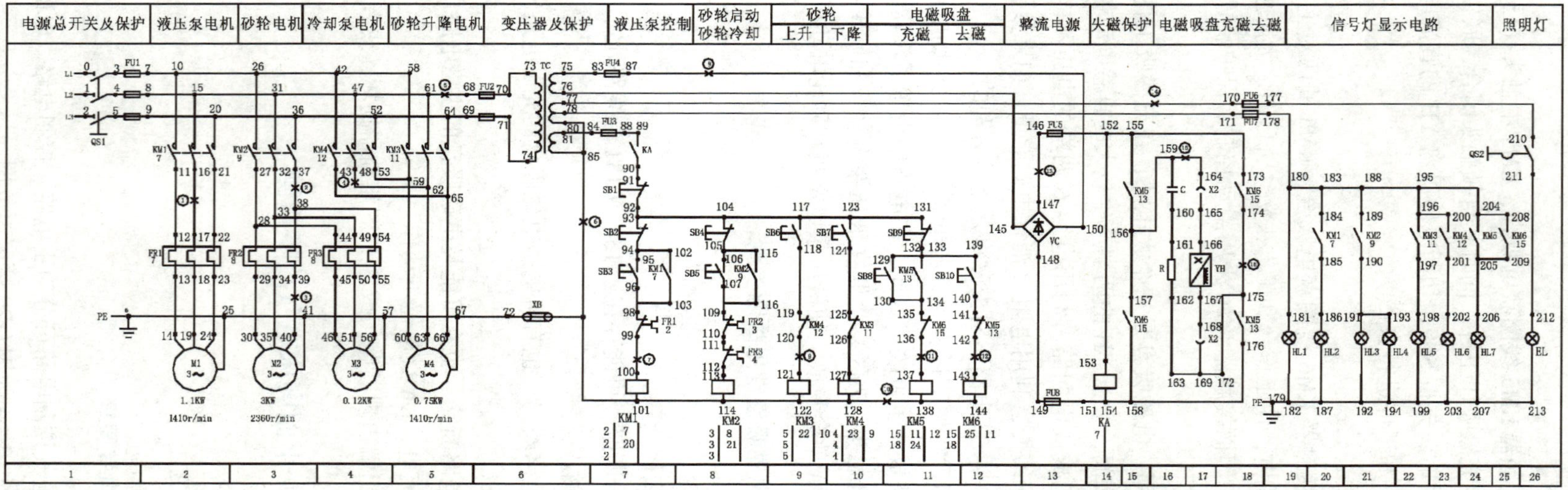


图 10－4 M7120 平面磨床电气原理图

**1. 主电路分析**

主电路中共有四台电动机，其中 M1 为液压泵电动机，实现工作台的往复运动；M2 为砂轮电动机，带动砂轮转动来磨削加工工件；M3 为冷却泵电动机。它们只要求单向旋转，分别用接触器 KM1、KM2 控制。冷却泵电动机 M3 只是在砂轮电动机 M2 运转后才能运转。M4 是砂轮升降电动机，用于磨削过程中调整砂轮和工件之间的位置。M1、M2、M3 是长期工作的，所以都装有过载保护。M4 是短期工作的，不设过载保护。四台电动机共用一组熔断器 FU1 作短路保护。

**2. 控制电路分析**

1）液压泵电动机 M1 的控制

合上总开关 QS1 后，整流变压器一个副边输出 130 V 交流电压，经桥式整流器 VC 整流后得到直流电压，使电压继电器 KA 获电动作，其常开触头（7 区）闭合，为启动电动机做好准备。如果 KA 不能可靠动作，则各电动机均无法运行。因为平面磨床的工件靠直流电磁吸盘的吸力将工件吸牢在工作台上，故只有具备可靠的直流电压后，才允许启动砂轮和液压系统，以保证安全。当 KA 吸合后，按下启动按钮 SB3，接触器 KM1 通电吸合并自锁，工作台电动机 M1 启动运转，HL2 灯亮。若按下停止按钮 SB2，则接触器 KM1 线圈断电释放，电动机 M1 断电停转。

2）砂轮电动机 M2 及冷却泵电动机 M3 的控制

按下启动按钮 SB5，接触器 KM2 线圈获电动作，砂轮电动机 M2 启动运转。由于冷却泵电动机 M3 与 M2 联动控制，所以 M3 与 M2 同时启动运转。当按下停止按钮 SB4 时，接触器 KM3 线圈断电释放，M2 与 M3 同时断电停转。两台电动机的热继电器 FR2 和 FR3 的常闭触头都串联在 KM2 中，只要有一台电动机过载，就会使 KM2 失电。因冷却液循环使用，故经常混有污垢杂质，很容易引起电动机 M3 过载，故用热继电器 FR3 进行过载保护。

3）砂轮升降电动机 M4 的控制

砂轮升降电动机只有在调整工件和砂轮之间的位置时使用，所以用点动控制。当按下点动按钮 SB6 时，接触器 KM3 线圈获电吸合，电动机 M4 启动正转，砂轮上升，到达所需位置时松开 SB6，KM3 线圈断电释放，电动机 M4 停转，砂轮停止上升。按下点动按钮 SB7，接触器 KM4 线圈获电吸合，电动机 M4 启动反转，砂轮下降，到达所需位置时，松开 SB7，KM4 线圈断电释放，电动机 M4 停转，砂轮停止下降。为了防止电动机 M4 的正、反转线路同时接通，在对方线路中串入接触器 KM4 和 KM3 的常闭触头进行联锁控制。

**3. 电磁吸盘控制电路分析**

电磁吸盘是固定加工工件的一种夹具，利用通电导体在铁芯中产生的磁场吸牢铁磁材料的工件，以便于加工。它与机械夹具相比，具有夹紧迅速、不损伤工件、一次能吸牢若干个小工件，以及工件发热可以自由伸缩等优点，因而在平面磨床上得到广泛应用。

电磁吸盘的控制电路包括整流装置、控制装置和保护装置三个部分。

整流装置由变压器 TC 和单相桥式全波整流器 VC 组成，供给 120 V 直流电源。

控制装置由按钮 SB8、SB9、SB10 和接触器 KM5、KM6 等组成。

充磁过程如下：

按下充磁按钮 SB8，接触器 KM5 线圈获电吸合，KM5 主触头（15、18 区）闭合，电磁吸盘 YH 线圈获电，工作台充磁吸住工件，同时其自锁触头闭合，联锁触头断开。磨削加工完毕，在取下加工好的工件时，先按 SB9，切断电磁吸盘 YH 的直流电源，由于吸盘和工件都有剩磁，所以需要对吸盘和工件进行去磁。

去磁过程如下：

按下点动按钮 SB10，接触器 KM6 线圈获电吸合，KM6 的两对主触头（15、18 区）闭合，电磁吸盘通入反相直流电，使工作台和工件去磁。去磁时，为防止因时间过长使工作台反向磁化，再次吸住工件，因而接触器 KM6 采用点动控制。保护装置由放电电阻 $R$ 和电容 $C$ 以及零压继电器 KA 组成。

电阻 $R$ 和电容 $C$ 的作用：电磁吸盘是一个大电感，在充磁吸工件时，存储有大量磁场能量，当它脱离电源的一瞬间，吸盘 YH 的两端产生较大的自感电动势，会使线圈和其他电器损坏，故用电阻和电容组成放电回路。利用电容 $C$ 两端的电压不能突变的特点，使电磁吸盘线圈两端电压变化趋于缓慢，利用电阻 $R$ 消耗电磁能量，如果参数选配得当，此时 $R-L-C$ 电路可以组成一个衰减振荡电路，对去磁将是十分有利的。

零压继电器 KA 的作用：在加工过程中，若电源电压不足，则电磁吸盘将吸不牢工件，会导致工件被砂轮打出，造成严重事故，因此，在电路中设置了零压继电器 KA，将其线圈并联在直流电源上，其常开触头（7 区）串联在液压泵电动机和砂轮电动机的控制电路中，若电磁吸盘吸不牢工件，KA 就会释放，使液压泵电动机和砂轮电动机停转，保证了安全。

**4. 照明和指示灯电路分析**

在 M7120 磨床电气原理图中，EL 为照明灯，其工作电压为 36 V，由变压器 TC 供给。QS2 为照明开关。HL1、HL2、HL3、HL4、HL5、HL6 和 HLL7 为指示灯，其工作电压为 6.3 V，也由变压器 TC 供给，指示灯的作用如下：

（1）HL1 亮，表示控制电路的电源正常；不亮，表示电源有故障。

（2）HL2 亮，表示工作台电动机 M1 处于运转状态，工作台正在进行往复运动；不亮，表示 M1 停转。

（3）HL3、HL4 亮，表示砂轮电动机 M2 及冷却泵电动机 M3 处于运转状态；不亮，表示 M2、M3 停转。

（4）HL5 亮，表示砂轮升降电动机 M4 处于上升工作状态；不亮，表示 M4 停转。

（5）HL6 亮，表示砂轮升降电动机 M4 处于下降工作状态；不亮，表示 M4 停转。

（6）HL7 亮，表示电磁吸盘 YH 处于工作状态（充磁和去磁）；不亮，表示电磁吸盘未工作。

## 二、M7120 平面磨床常见故障分析

（1）016-017 间断路，液压泵电动机缺一相。

（2）037-038 间断路，砂轮电动机、冷却泵电动机均缺一相（同一相）。

（3）039-040 间断路，砂轮电动机缺一相。

（4）048-062 间断路，砂轮下降电动机缺一相。

（5）061-068 间断路，控制变压器缺一相，控制回路失效。

（6）085-101 间断路，控制回路失效。

（7）099-100 间断路，液压泵电机不启动。

（8）087-150 间断路，KA 继电器不动作，液压泵、砂轮冷却、砂轮升降、电磁吸盘均

不能启动。

（9）120–121 间断路，砂轮上升失效。

（10）128–138 间断路，电磁吸盘充磁和去磁失效。

（11）136–137 间断路，电磁吸盘不能充磁。

（12）142–143 间断路，电磁吸盘不能去磁。

（13）146–147 间断路，整流电路中无直流电，KA 继电器不动作。

（14）077–170 间断路，照明灯不亮。

（15）159–164 间断路，电磁吸盘充磁失效。

（16）174–175 间断路，电磁吸盘不能去磁。

# 参考文献


［1］荆瑞红，周皓．电工电子技能训练［M］．北京：北京交通大学出版社，2010.
［2］杨静生，邢迎春．电工电子技术基础［M］．大连：大连理工大学出版社，2006.
［3］白广新．电工及电气测量技术实训教程［M］．北京：机械工业出版社，2007.
［4］张永飞．电工技能实训［M］．西安：西安电子科技大学出版社，2005.
［5］罗厚军．电工电子技术［M］．北京：机械工业出版社，2008.
［6］周元一．电机与电气控制［M］．北京：机械工业出版社，2006.
［7］张永飞．电工电子技能训练［M］．西安：西安电子科技大学出版社，2005.
［8］徐君贤．电工技术实训［M］．北京：机械工业出版社，2001.
［9］机械工业职业技能鉴定指导中心编．高级维修电工技术［M］．北京：机械工业出版社，1999.
［10］王炳勋．电工实习教程［M］．北京：机械工业出版社，2002.
［11］马应魁．电气控制技术实训指导［M］．北京：化学工业出版社，2001.
［12］职业技能鉴定辅导丛书编审委员会编．维修电工职业技能鉴定指南［M］．北京：机械工业出版社，1999.
［13］陈立周．电气测量［M］．北京：机械工业出版社，2003.
［14］机械工业部统编．维修电工操作技能与考核［M］．北京：机械工业出版社，1996.
［15］郜佑诚．电工技能与实训［M］．西安：西安电子科技大学出版社，2005.
［16］王浩．机床电气控制与 PLC［M］．北京：机械工业出版社，2014.
［17］张晓芳，周占怀．电气传动技术及应用［M］．北京：中国水利水电出版社，2016.